小宅放大

只有设计师才知道的尺寸关键术

漂亮家居编辑部　编

U0291511

江苏凤凰科学技术出版社

目 录

第一部分

小住宅格局规划，
整体调好了，尺度才开阔

第一章

拆除多余隔间，空间合二为一

小面积空间中有时会为了让所有人都得到满足，而做了很多的隔间，使得原本就很小的空间变得更为零碎，不仅会遮挡阳光，生活也不够舒适。不如适当地拆除隔间，使空间获得释放并合并使用，以维持空间的完整性。同时以公共区和私密区的角度分开思考，适度运用隔间遮蔽卧寝的私密区，而公共区则有效整合使用功能，动线不分散、不凌乱。

问题格局

原始空间小，隔间又多最难以规划

虽然多数人都希望在现有条件下多出几间房，但房间太多反而会让空间更加零碎，每个空间都变得很小，也因阳光无法到达每个区域而使室内过于阴暗。同时空间被分散各处，动线就缺乏交集，家人难以互动，从而产生孤立感。

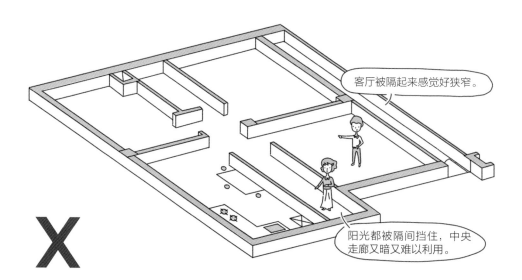

客厅被隔起来感觉好狭窄。

阳光都被隔间挡住，中央走廊又暗又难以利用。

尺度思考 01

合并最好利用的空间

拆除隔间时，需要考虑拆除哪些区域才是最方便的。一般来说，对于公共区而言，最常合并使用的是：玄关＋客厅、客厅＋餐厅、餐厅＋厨房。对于使用功能来说，客厅＋餐厅以及餐厨合一的方式更为简便，将客厅的茶几变身为饭桌或是厨房吧台兼作用餐区，都可减少占用的空间面积，让餐厅的角色消失，合并到客厅或厨房里使用。此外，通常玄关占用的面积较小，在空间狭小的情况下，玄关往往会纳入客厅内，加强视线的通透性。

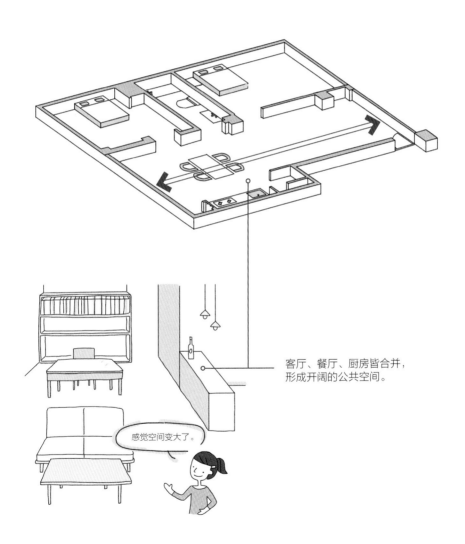

客厅、餐厅、厨房皆合并，形成开阔的公共空间。

感觉空间变大了。

尺度思考 02
顺光拆除隔间

拆除不合适隔间的同时，注意日光来源。可适度通过拆除隔间，获得采光最大值，只要光线明亮，小空间自然放大许多。像是长方形的格局，中央往往照不到阳光，若前后均有采光，调整格局时不如消除阻隔在中央的隔间，能够让两侧采光都进入，空间也能有放大的效果。

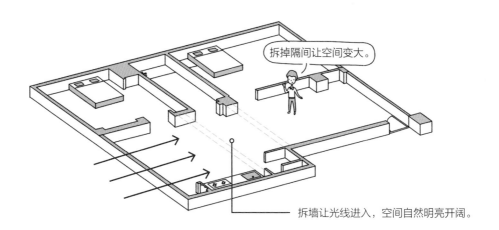

拆掉隔间让空间变大。

拆墙让光线进入，空间自然明亮开阔。

尺度思考 03
公共区和卧寝区分割来看

在思考如何整合或调整隔间时，必须把公共区和卧寝区分开考虑，一般会先合并客厅与餐厅或者餐厅与厨房，整合之后确认空间面积是否过大或过小，再调整卧寝区。而卧寝区则包含卧室、卫浴区和更衣室。一般以客厅的空间深度来说，在4米左右即可，若客厅后方即为卧室，最小深度以240厘米为佳。

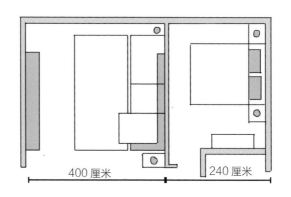

400 厘米　　　　　　240 厘米

确认各空间的使用功能，找到最适合的尺度。

尺度思考 04

即便要隔开空间，保持通透才是最重要的

在小空间中，若有设置隔间的必要，建议采用具有穿透效果的材质，像是玻璃隔间、格栅设计都能让空间保持通透性，视线才能向外延伸，展现原有的空间尺度，有效放大空间。另外，除了材质的运用外，墙面的高度和宽度也能加以利用。可通过墙面两侧不做满或采用半墙的设计，适度看到其他空间，也能有空间放大的错觉。

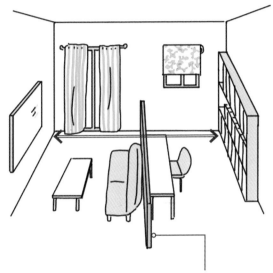

采用半墙设计，保有原先的空间深度。

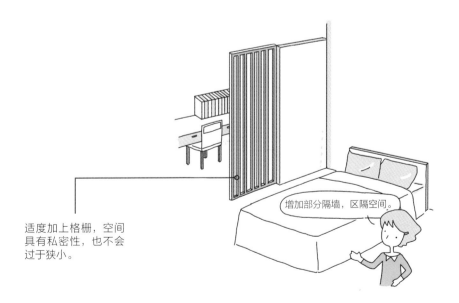

适度加上格栅，空间具有私密性，也不会过于狭小。

增加部分隔墙，区隔空间。

実例解析

case 1

拆除隔间屏障，尽收露天阳台好视野

为了突显与室内 1：1 等比例的露天大阳台的优势，将出入阳台的小门改为落地窗来增加采光与开放感；为了迎合小夫妻二人的互动生活，将原三室二厅的封闭格局完全打破，开放厨房，将用餐区、书桌、中岛吧台整合至住宅中心轴线上，而客厅则以沿窗设置的坐榻区取代，让生活动线环绕着书桌、餐桌而进行。这样变更后的格局不仅使 83 平方米的空间拥有更大的公共区，最棒的是在起居区、餐厅、厨房与书桌区均能拥有更宽敞的视野与腹地。

空间设计及图片提供 / 明代室内设计

室内面积：83 平方米　原有格局：三室两厅　规划后格局：两室一厅　居住成员：夫妻

▌ 改造前

问题 1

因厨房与卧室的隔间墙阻挡，导致客、餐厅仅有两小扇采光窗，且只能从厨房进出阳台，无法突显阳台价值。

露天阳台

问题 2

原本客厅与餐厅连接为 L 形格局，不仅空间不大，而且大门区也很难规划玄关，使客厅直接面向大门，少了层次感。

问题 3

旧有封闭厨房为一字形格局，既小又不好使用，无法满足屋主对于开放生活与大厨房的期待。

改造后

破解 1

拆除紧临阳台的厨房与卧室隔间

将屋内后半段的厨房与卧室隔间拆除，并改为落地窗后，超大露天阳台立即与室内串联起来，使客厅、餐厅与厨房得以顺利后移，同时也可享受阳台的采光，解决了室内阴暗的问题。

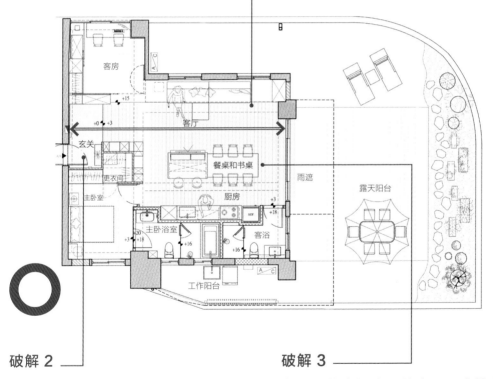

破解 2

客厅、餐厅退居二线，增加玄关格局

将主卧与客房配置在大门左右两侧，配合出入动线与门口复合书柜得以规划出玄关，增加了格局层次感，也为卧室与公共区域创造出更多的收纳设计。

破解 3

餐厨区共享概念，使生活尺度放大

先以开放格局规划出一字形的大厨房，再配置并排而立的大餐桌兼书桌以及中岛吧台，来满足用餐、工作等生活需求，最后在吧台前端吊挂电视机，满足沙发区的娱乐影音需求。

实例解析 case 2

公共空间化零为整，
赋予多元功能定义

客厅、餐厅、厨房、卧室全是封闭隔间，若未来增加小孩，将不利于弹性机动地调整空间配置。因此入住小公寓前应做好规划，空间主要切割成卧室与公共领域，卧室为一间大房与一间大更衣室，更衣间即可预留作为未来的儿童房，而再将客厅、餐厅、厨房之间的墙面破除，抹去隔间界线，从玄关进门时，主视线即落在书墙上，玄关与餐厅采用格栅的柜体作为屏隔，餐厅则以大面积木格栅为墙体，打造日系简约风格。

空间设计及图片提供／六十八室内设计

室内面积：85 平方米　原有格局：三室一厅　规划后格局：两室一厅　居住成员：夫妻和一个小孩

▌ 改造前

问题 1

二手房屋的格局已将客厅、餐厅、卧室的基本功能定义确立，封闭又单调，并局限了采光范围。

问题 2

因为有两间卧室就会衍生出多道墙面，着重于房间数量，反而无法在功能性空间上有所发挥。

▌改造后

破解 1

卧室不设隔墙，因需求调整功能

拆掉主卧与次卧之间的墙面，将原来的次卧调整为功能性的更衣间，符合时下都市形态的年轻夫妻对生活空间的需求，也可预备作为未来的儿童房。开放式更衣间也可借此获得更多的采光。

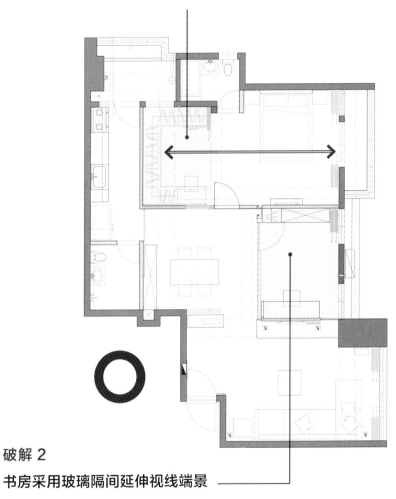

破解 2

书房采用玻璃隔间延伸视线端景

将多功能房进行空间切割，化零为整，书房采用强化玻璃隔间，与客厅、餐厅通透链接，延伸视线端景，但放下隐藏式卷帘，即可保有私密性，回归隔间特有优势。

实例解析 case 3

拆除一房，
换来凝聚家人情感的宽阔空间

仅有 69 平方米的空间，虽然隔出 3 个房间，却让公共空间变得狭小，且过多隔墙会限制采光，因而产生阴暗、狭隘感。本案为新建房屋，格局问题不大，于是在不动厕所、厨房的前提下，拆除其中一个房间规划成用餐区，并利用开放式设计，将客厅与餐厅两个空间串联起来，打造成一个开放，且可凝聚一家人情感的公共区域；原来的开放式厨房，借由加装拉门与卫浴墙面拉齐，营造空间线条的利落感，也顺势将走道划入厨房，扩大使用空间，避免产生畸零死角。

空间设计及图片提供 / 禾林空间设计事务所

室内面积：69 平方米　原有格局：三室一厅　规划后格局：两室一厅　居住成员：夫妻和一个孩子

▍改造前

问题 1

原始格局规划产生了太多不必要且浪费的过道空间。

问题 2

隔成 3 个房间，公共空间变得狭窄，缺少开放感。

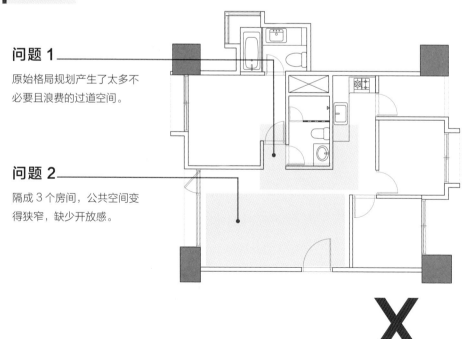

改造后

破解 1

隔墙拉齐，重整畸零区域

利用大型柜体以及拉门，将主卧、卫浴及厨房的隔墙线条拉齐，不仅营造出视觉上的利落感，也把因隔间形成的过道空间划入使用范围，巧妙地达到扩充空间的目的，也避免产生畸零区域。

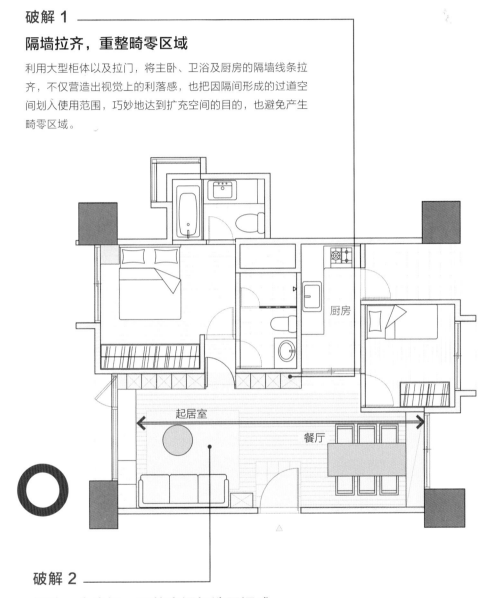

厨房

起居室

餐厅

破解 2

拆除一个房间，释放空间打造开阔感

拆除一个房间以释放空间，借此扩大公共区域，并以开放式设计将客厅与餐厅串联起来，打造开阔且可增加家人互动的生活区域；由于拆除了隔墙，增加了一面采光，也解决了公共空间原本光线不足的问题。

第二章

微调格局，调整各区域空间比例

在房间数目足够的情况下，有时会出现空间比例不适当的情形，例如卧室过大或是空间太小不能作为卧室使用，只能用作储藏室。另外，不当隔间的配置也容易造成畸零空间的产生。此时可通过微调格局，调整隔间位置，让空间尺度获得合理使用，同时消除畸零区域使空间比例更为平衡。

问题格局

空间比例失衡 使用不方便

隔间隔得不对，会使得空间面积分配不均，产生过大或过小的不适用的情况。举例来说，分给卧室的面积太多，会造成卧室过大而有闲置空间，使得比例失衡；隔间或出入口位置不对，也容易形成难以使用的畸零区域，比如过长的廊道或者不实用的储藏空间，空间变得不易利用，空间效能未能全部发挥。

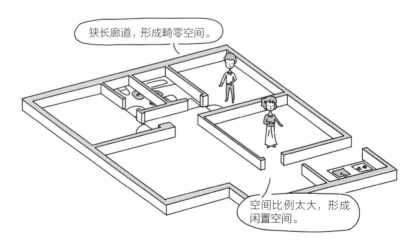

狭长廊道，形成畸零空间。

空间比例太大，形成闲置空间。

尺度思考 01

拆除隔间重调比例，转换空间角色

先确定各空间的使用角色，再确认公私区域的隔间尺度是否适当。举例来说，在三间卧室的情况下，若其中一个卧室的比例太大，且要作为书房使用，则可拆除隔间缩小尺度，释放空间以补给公共区或卧室等邻近区域。同时，通过公共区域的合并可维持通透的空间尺度。

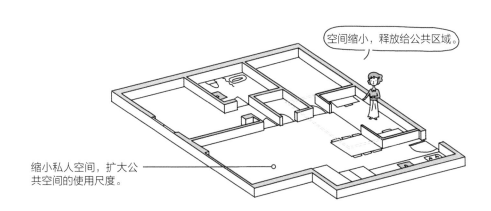

空间缩小，释放给公共区域。

缩小私人空间，扩大公共空间的使用尺度。

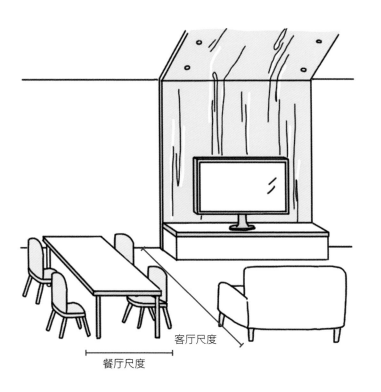

客厅尺度

餐厅尺度

尺度思考 02

拉齐墙面，避免产生畸零空间

在思考空间格局时，可将空间当作一个盒子，隔间或柜体等同于隔板。想象一下，若是相邻的隔板前后位置不一，则中间就产生了空间的落差，这就是所谓的畸零区域。这样的空间多半是不易使用的，因此不如将隔板平行排列，使整体构成完整且方正的形状，空间会更好地得到运用。另外，除了通过隔间调整畸零空间，也可通过玻璃拉门的开合设计将畸零区域纳入空间之中，从而将其消除于无形。

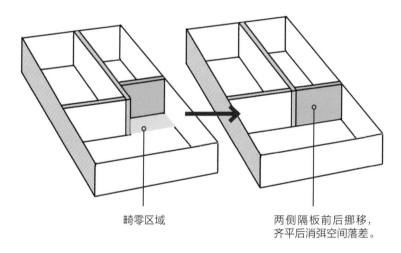

畸零区域

两侧隔板前后挪移，
齐平后消弭空间落差。

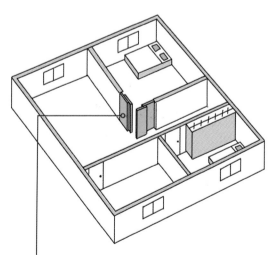

可随时变动的拉门设计，将空间界限消
除，便能将畸零区域化为无形。

尺度思考 03

隔间向外挪一些，扩增空间功能

若空间面积过小，可能会造成使用功能不足，此时建议将隔间向外挪移以扩大空间面积，就能多出淋浴区。另外，卧室向外挪移大约3平方米，就能多出更衣空间，甚至还可能加入卫浴，使卧室功能更加完整。

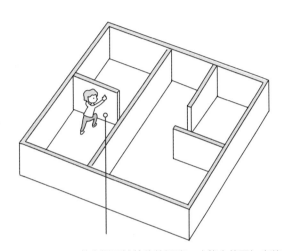

若空间不够就往外挪移，功能也就更加完整。

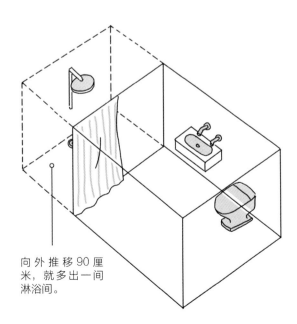

向外推移90厘米，就多出一间淋浴间。

case

1

空间重整，
化解畸零空间，提升使用效率

约有 40 年房龄的老房子，前后两面采光，屋形呈瘦长状，由于空间规划不当，导致卧室大小不一且出现浪费空间的畸零区域。首先，邻近厨房的一个房间要拆除，将空间进行整并，让厨房区变得方正便于规划，不只增加了用餐区，原本的卫浴、厨房也因此得以扩大，并重新安排合理的使用动线；把玄关入口左侧尴尬的空间隔成卧室，虽然因此形成走廊，但善用材质与灯光安排，便可解决走廊阴暗问题；另外，将入口右侧隔墙拆除，减少客厅的封闭感，强调开阔的空间感。

空间设计及图片提供 / 禾秝空间设计事务所

室内面积：79 平方米　原有格局：一室一厅　规划后格局：两室一厅　居住成员：夫妻和一个小孩

▌改造前

问题 1 ————————

邻近厨房的房间过小，不只难以使用，且让厨房空间变得曲折难以规划。

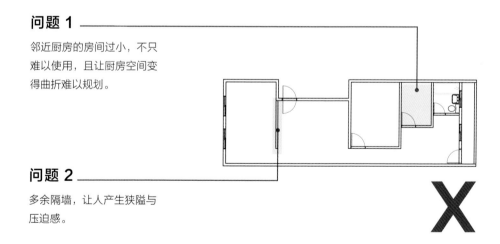

问题 2 ————————

多余隔墙，让人产生狭隘与压迫感。

改造后

破解 1

重新整合，解决空间浪费问题

将入口左侧空间规划为卧室，使空间扩大后在使用时也更有余裕，将原来的卧室拆除与厨房加以整合，因此可重新规划并扩大卫浴、厨房的面积，甚至增加用餐区，形成一个动线合理又舒适的区域。

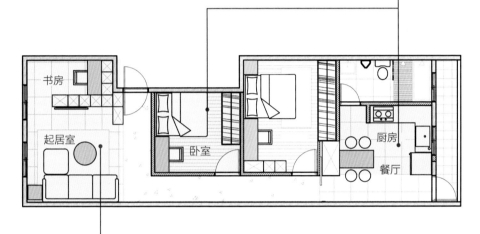

破解 2

拆除隔墙，营造开阔感

将玄关与客厅之间的隔墙拆除，消除隔墙带来的压迫感，空间因此更为开阔。玄关与客厅仅利用高柜简单做出区隔，同时也可满足收纳需求。

实例解析 case 2

重新规划、整合空间，还原合理生活线

原始格局规划零碎，且因隔墙过多，破坏了空间的完整性，生活动线变得曲折，也让远离采光面的厨房显得更加阴暗。针对面积小与单面采光问题，设计师首先将非必要的隔墙拆除，以大型柜体取代隔墙隔出主卧，既争取了空间也满足了收纳需求，并将原来主卧与卫浴之间的空间划入主卧，增加卧室功能；另外，厨房与客厅位置对调，调整成顺畅、合理的生活动线，厨房舍弃上柜设计，让光线直达客厅，采用不同地面材质与客厅做出分界，保障了整体空间的完整与开放感。

空间设计及图片提供 / 十一日晴空间设计

室内面积：43 平方米　原有格局：一室一厅　规划后格局：一室一厅　居住成员：1 人

▎改造前

问题 1 ——————————

空间面积不足，无法满足主卧的功能需求。

问题 2 ——————————

规划不符合生活动线，从而造成使用上的尴尬与空间的浪费。

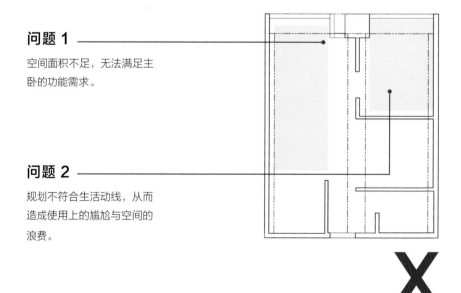

改造后

破解 1

拆除隔墙，重新规划主卧功能

将原来邻近卧室的空间，借由隔墙拆除，整并扩大主卧空间并且重新规划出更衣室、书桌区。将主卧侧墙拆除改以双面柜取代，减少隔墙争取多余空间，也巧妙增加收纳功能。

破解 2

客厅、厨房位置互调，打造合理动线

原始厨房位于入口左侧，缺少隐秘感且光照不足。拆除入口处墙面，以增加空间的开阔感，并将客厅与厨房的位置互调，调整成合理的生活动线。由于只有单面采光，因此厨房舍弃橱柜吊柜，以镂空柜体取代，让光线可以没有阻碍地直达客厅区域。

case
3

善用高楼层视野，
加强采光放大空间感

原是屋龄 15 年以上的老屋，将两间小套房打通成一间办公室。办公区、会议室隔间相当简单。由于位于高楼层的商住混合大楼，拥有极佳视野优势，将窗外的蓝天绿水引入室内是首要之务。一方面由于低彩度的设定，采取黑白极简色调；另一方面运用活动隔间概念，以灰镜横拉门取代传统墙壁，灰镜反射客厅背墙又能在视觉上扩展空间。因屋主养猫，走廊一旁规划出专属的垂直式猫道。窗台转角的工作桌边角采用斜面造型，同样是为了给毛孩子提供自由活动的空间。

空间设计及图片提供 / 六十八室内设计

室内面积：49 平方米　原有格局：两间套房合并　规划后格局：两室一厅　居住成员：1 人

▌ 改造前

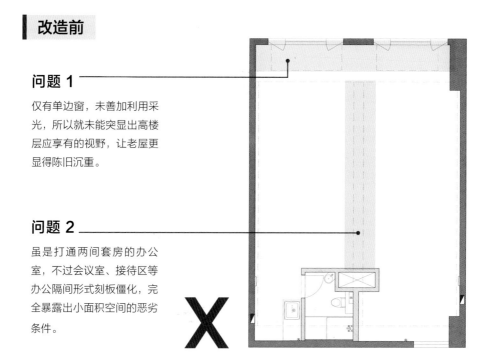

问题 1

仅有单边窗，未善加利用采光，所以就未能突显出高楼层应享有的视野，让老屋更显得陈旧沉重。

问题 2

虽是打通两间套房的办公室，不过会议室、接待区等办公隔间形式刻板僵化，完全暴露出小面积空间的恶劣条件。

▌改造后

破解 1

灰镜与抛光地砖辅助采光功能

单边窗的采光必须简洁利落，基本色调以黑白两色低彩度铺陈，可使空间干净清爽，灰镜与抛光石英砖均能辅助采光功能，阅读工作桌设置在窗台转角处，收入窗外风景。

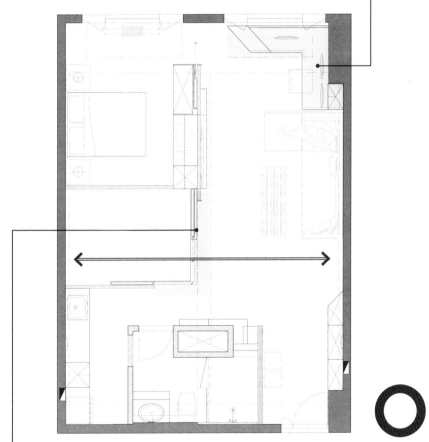

破解 2

开放活动式隔间在视觉上扩展了空间

房间与客厅的隔间墙采用 L 形活动式横拉门，拉门关上时，由于使用的是灰镜材质，利用镜面反射客厅背墙，前后端景营造出层次感，打创出造放大一倍的效果，并可设定成和室房间。

第三章

善用垂直高度，创造两层的功能

在高度许可的情况下，小面积空间通常会选择向上发展出两层以争取更多生活空间，但若是做得太满面积过大，虽可获得较多的使用面积，却容易让下层空间变得阴暗又充满压迫感。应依全屋适当比例打造复层空间，让下层保有挑高优势，线条垂直向上延伸，营造纵深感。

问题格局

高度过低，压迫又无光

复层空间最容易出现的问题是采光不足，这是因为变为双层后光线被遮挡，甚至被分割给上下层使用，若是再加上高度不够，就会使得站在下层时，感觉离天花板太近而有压迫感。另外，复层空间还容易遇到上层面积过大的状况，相对也会让光线不足。

做太多双层空间，感觉空间变小了。

高度好低，感觉有压迫感。

尺度思考 01

高度适当，
不要过矮

双层空间容易因高度不足以至使用上造成不适，进而降低使用频率，变成闲置或堆放物品的空间。针对高度的分配，可采用地坪高低差设计化解夹层最容易陷入的高度难题，将舒适的高度留给长时间停留的客厅和厨房，其余被压缩高度的区域，则可利用大量光线去淡化压迫感，且应精算高低差，让不同空间各自获得舒适的尺度，在使用上也更加舒适。

190~200 厘米

能容得下人体站立的最舒适高度为 190~200 厘米。

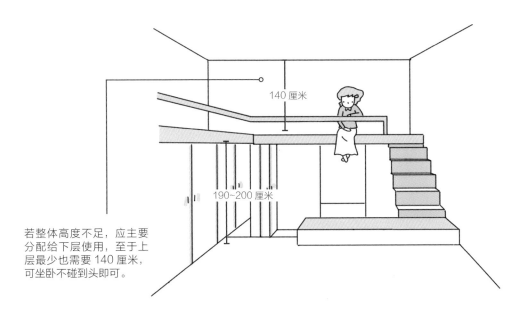

140 厘米

190~200 厘米

若整体高度不足，应主要分配给下层使用，至于上层最少也需要 140 厘米，可坐卧不碰到头即可。

调整楼梯位置，不占空间宽度

小面积空间中若要采用复层设计，多半是面积不足而必须向上发展，因此空间多半为长形格局且面宽不大，若是楼梯的位置不对，位于格局中央，将空间一分为二，就会造成面宽不足而空间更难利用的情形。另外，也要注意楼梯尽量不遮挡空间，比如将楼梯放置于入口，会使通道变得拥挤。

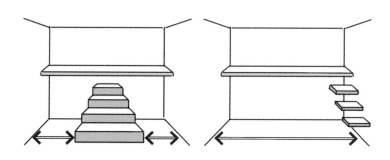

楼梯放置于中央
两侧的空间宽度不足，会使得空间被切割零碎。

楼梯放于侧边
留出完整的方形空间才好运用。

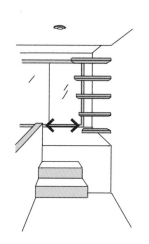

楼梯在出入口
占据通道宽度，不方便行走。

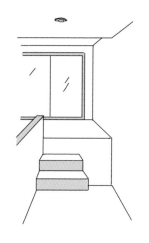

移除楼梯
恢复空间净宽，视野自然开阔。

尺度思考 03
缩小双层面积，释放高度

有时为了迎合家人的需求，而做了过多的双层空间，甚至遮挡住阳光，以至空间虽好用，但却显得阴暗。不如舍弃部分双层的设计，将双层面积缩小，在靠窗一侧保留空间的原有高度，不仅拉伸视线使空间开阔，阳光也能毫无阻碍地进入室内，空间一旦明亮，自然产生放大效果。

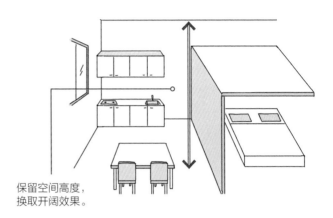

保留空间高度，
换取开阔效果。

尺度思考 04
善用高度获得收纳空间

在小面积的空间中，往往无法有太多的收纳空间，因此可利用双层设计的高度落差巧妙获取收纳功能。例如可架高床至 80 厘米，通过架高空间不仅界定出卧室空间，架高处也可细分出丰富的收纳空间。另外，楼梯下方也是隐藏收纳空间的最佳场所，一般双层高度做到 190 厘米高，楼梯下方往往也能延伸出相同高度的储藏空间。

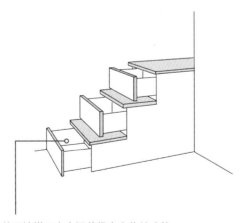

善用楼梯下方空间获得丰富收纳功能。

升高地板与动线，
创造收纳与升降板卧室的起居区

这是一栋面积仅有 26 平方米的错层挑高房屋，男主人因在外地工作，平日只有女主人与孩子居住，但奶奶来附近看病时也会住在这里，所以居住人口会有弹性变化，也形成另类的三代同堂。为了在有限空间中满足多元需求，设计师先以进门左半区地板高度为准，再将右区局部地板升高延伸为走道，解决因地板高低不平导致奶奶行走不便的问题，同时形成卧床区的降板格局，更具安定感。接着将高 420 厘米的右区下层规划为书桌区与卧式起居区，夹层则为儿童房，满足全家人的需求。

空间设计及图片提供 / 馥阁设计

室内面积：26 平方米　原有格局：一室一厅　规划后格局：两室一厅　居住成员：夫妻和一个小孩

▌改造前

问题 1

仅有 26 平方米的空间，却有四人居住的需求需要满足，除了一般的收纳功能，男主人需要红酒柜、视听墙，而小孩也需要书桌区做功课。

问题 2

室内因左右错层格局，导致地板高低不平，一进门向右走便要下楼梯，对于奶奶来说行走较为不便。

X

改造后

破解 1

升高地板,解决收纳和整平动线问题

将右侧局部地板上升与左侧等高,整平一楼书桌区与走道的高度,地板下方设有上掀收纳柜,让收纳需求立体化,同时右半侧起居卧室形成舒适的降板格局。

1 层

2 层

破解 2

拆除隔墙,营造开阔感

将玄关与客厅之间的隔墙拆除,消除隔墙带来的压迫感,空间因此更为开阔。玄关与客厅仅利用高柜简单做出区隔,同时也可满足收纳需求。

case 2

流理台与电视墙合二为一，扩大空间尺度与视野

这是一个仅有 36 平方米的跃层空间，从大门口原有玄关格局向上发展共为三层，由于旧格局动线安排不佳，导致楼梯横置在屋内，采光也被楼梯阻断。因此，首先将楼梯位置调整至一层玄关处，以盘旋向上的垂直设计来节省空间，并让出窗边最佳采亮度；接着将二层客厅与厨房做开放合并设计，大胆地将原本狭窄的厨房转向，使工作台面的壁面兼作电视端景墙，成功地放大空间尺度，也为屋主创造出宽敞的生活动线与瑜珈空间，至于三层则作为主卧使用。

空间设计及图片提供 / 绮寓空间设计

室内面积：36 平方米　原有格局：一室一厅一卫　规划后格局：一室一厅一卫　居住成员：1 人

改造前

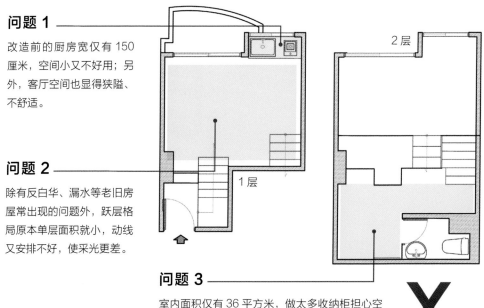

问题 1

改造前的厨房宽仅有 150 厘米，空间小又不好用；另外，客厅空间也显得狭隘、不舒适。

问题 2

除有反白华、漏水等老旧房屋常出现的问题外，跃层格局原本单层面积就小，动线又安排不好，使采光更差。

2 层

1 层

问题 3

室内面积仅有 36 平方米，做太多收纳柜担心空间更加狭小，不做又容易让空间显得杂乱。

▌改造后

破解 1

善用楼梯内的缝隙空间满足收纳需求

巧妙运用楼梯结构内部的畸零空间，让收纳功能从各个方向隐藏在楼梯转角与壁面之间，充分利用每一寸空间。此外，主卧也规划以上下排柜柜体来增加收纳量。

破解 2

结合厨房与电视墙，使问题迎刃而解

原来屋内仅有 150 厘米宽的一字形厨房，与屋主讨论后决定打破格局将厨房转向与电视墙结合，经过精确计算，让灶台、电视机、水槽三者在同一直线上各司其职、互不干扰，也成就了功能性更强大的 L 形厨房与大客厅。

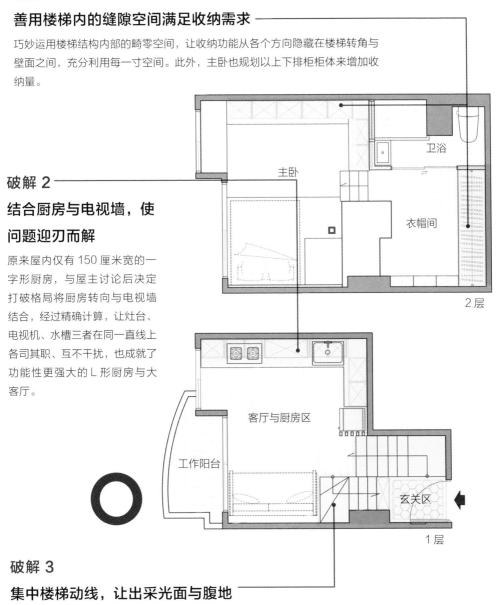

破解 3

集中楼梯动线，让出采光面与腹地

为避免小空间被楼梯动线所截断变得狭窄，将楼梯集中规划在玄关暗面并盘旋向上，让采光面得以完整地保留下来。

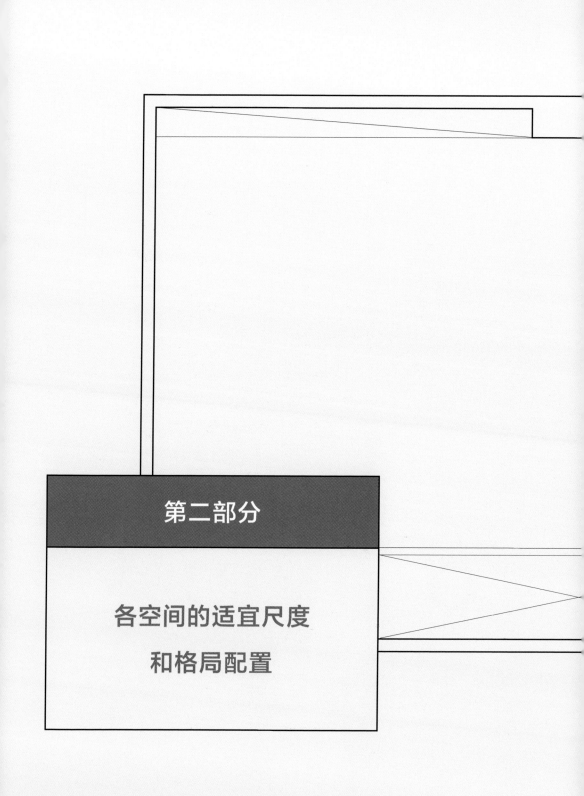

第二部分

各空间的适宜尺度
和格局配置

第 一 章
玄 关

最需要重视大门和柜体的相对位置

小面积房间空间有限，大多无法独立隔出玄关，常见以地面材质、屏风、鞋柜等家具简单做出内外分界。在有限的空间里，应注意鞋柜、穿鞋椅摆放的位置不能位于开门回旋半径内，以免影响大门开启，以及鞋柜门扇开启时是否会卡到大门，还要考虑空间内部是否足够摆放穿鞋椅等，这些地方可以适量安排灵活度高的活动家具。

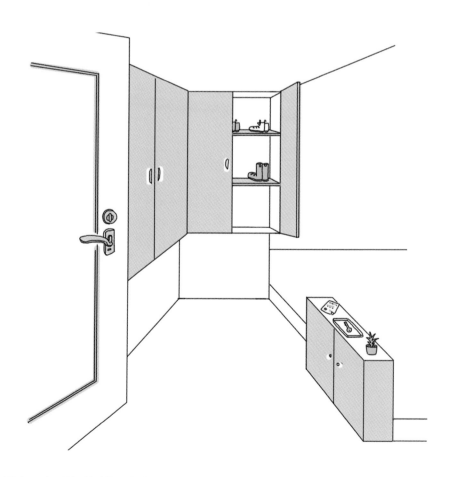

人体工学尺寸 01

考虑活动的舒适性，玄关深度最小需要有 95 厘米

一个成人肩宽约为 52 厘米，且在玄关处经常会有蹲下拿取鞋子的动作，因此玄关宽度至少保留 60 厘米，此时若再将鞋柜的基本深度 35~40 厘米列入考虑范围，以此推算玄关宽度最少需 95 厘米，如此不论站立还是蹲下才会舒适。

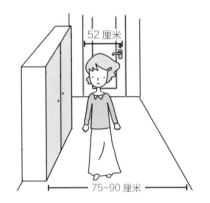

成人的肩宽约为 52 厘米，走道为 75~90 厘米

面积小的情况下，走道深度最少留出 60 厘米

落尘区设计为 120 厘米 × 120 厘米

在没有明显区隔出玄关空间时，多以落尘区作为内外分界，由于大门宽度为 90~100 厘米，因此门打开时回旋空间需有 100 厘米宽，并需预留 20 厘米的站立空间，因此落尘区至少应以 20 厘米来设计。

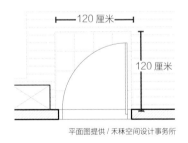

平面图提供 / 禾秝空间设计事务所

狭长的玄关，鞋柜与大门平行配置

在考虑玄关配置时，先确认格局的宽度和深度是否足够。以狭长形玄关来说，常受限于宽度，若将鞋柜置于大门侧边，则压缩到空间宽度内，可能就不好转身。为了保持开门及出入口顺畅，鞋柜与大门平行配置为佳，但此配置方式需注意玄关深度有 120~150 厘米，柜体深度也最好依大门尺寸再做调整，以免与大门相互阻碍。

90~100 厘米

120~150 厘米

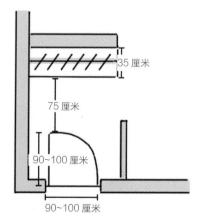

35 厘米

75 厘米

90~100 厘米

90~100 厘米

大门回旋半径内，不放置柜体

常规格局配置 02

横长形玄关，鞋柜位于大门后侧

若玄关宽度够大，鞋柜可置于大门后侧。要注意小空间中，鞋柜和大门门扇无法同时打开，一定会相互干扰，同时也要避免大门打开时撞到鞋柜，必须加装门档，门档长度大约 5 厘米，那么大门与鞋柜的间距还要加上 5~7 厘米的距离，因此大门离侧墙至少需有 40 厘米。

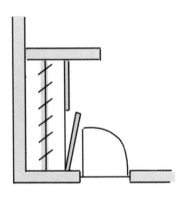

鞋柜门扇和大门相互干扰

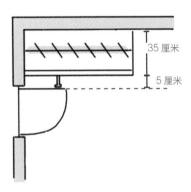

35 厘米

5 厘米

鞋柜退缩 5~7 厘米，并加上门档

常见格局配置 03

无明显玄关，鞋柜贴墙规划

此类型玄关多位于空间中间位置，若以柜体隔出玄关可能会影响室内空间规划与开放感，柜体过高也会造成压迫感，因此多采取规划出落尘区以区隔出室内外，鞋柜则沿墙做安排，维持开放感，也满足收纳需求。

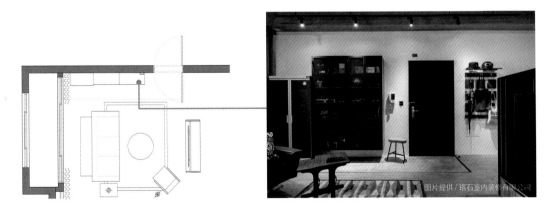

图片提供/珞石室内装修有限公司

家具的基本尺寸 01

鞋柜深度在 35~40 厘米之间

鞋柜深度通常配合鞋子尺寸，虽然男女生脚长不同，但依照人体工学设计，尺寸一般不会超过30 厘米，因此鞋柜基本深度以 35~40 厘米最为适当，这样即便是偏大的尺寸也能完美收纳。

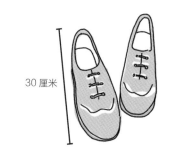

30 厘米

穿鞋椅降低高度方便使用

一般椅子高度约为 45 厘米，为了便于使用者弯腰穿鞋，穿鞋椅高度一般会比沙发低出 40~45厘米，基本上在 38 厘米左右；深度没有限制，宽度可视玄关空间大小做出调整。

35~40 厘米

38 厘米

格局破解 01

采用穿透材质，延展视线

玄关容易因为空间小加上高柜而变得阴暗、有压迫感，此时可选用具有视觉穿透效果的材质，如玻璃、玻璃砖等，延伸视线，化解狭隘的感受，且能顺利导引光线，解决采光不足的问题。

隔屏取代高柜、隔墙，减少空间压迫感

以隔墙或者高柜区隔出玄关，易让原本就不够宽敞的空间产生封闭感，可以以隔屏取代高柜及隔墙，并采用格栅等穿透性设计，不仅可明确分界玄关，同时也不影响整体空间的宽阔感。

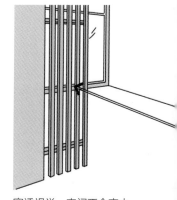

穿透视觉，空间不会变小

格局破解 02

地面材质不同，明显分界，维持空间完整性

若希望维持室内空间的开阔感，也可以利用不同的地面材质做出区隔，也不影响空间的完整与宽阔感，甚至还可以做出些许差别，让内外分界更为明确。

摄影/刘士诚

第 二 章

客 厅

家具比例展现小面积的质感

从实际来看，小户型的客厅多半不是用来待客的，其更重要的任务其实是满足起居生活需求。规划上应更加务实地考虑到动线的流畅度、生活的舒适度以及坐下来想看到的风景。因此，家具尺度的合适与否就成为家居设计的重要内容之一，不能过大否则会阻碍走道空间，客厅看起来变得更小。

人体工学尺寸 01

观赏电视的最佳角度和距离

由于人们看电视时多半是坐着的，因此，观看电视的高度取决于座椅的高度与人的身高，一般人坐着时高度为 110~115 厘米，以此高度向下约 45° 角则可抓到电视的中心点，也就是电视机中心点在离地 80 厘米左右的高度最适宜。

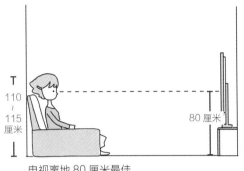

电视离地 80 厘米最佳

电视机离地 80 厘米最佳

电视机的固定方式建议采用墙面吊挂式最省空间，至于沙发与电视机的距离，则依电视机屏幕尺寸而定，也就是用电视机屏幕的英寸数乘以 2.54 得到电视机对角线长度，此数值的 3~5 倍就是所需观看距离。例如，40 英寸乘以 2.54 得到 101.6 厘米（对角线长），再乘以 4 等于 406.4 厘米，意即 40 英寸电视机应有 400 厘米左右的观看距离。

40 英寸电视机的观看距离：

40×2.54=101.6 厘米（对角线长）

101.6×4=406.4 厘米（最佳观看距离）

人体工学尺寸 02

沙发的高度通常比椅子低

人从膝盖到脚底的高度差为 45~50 厘米，
但是通常坐沙发时会采取较舒适、慵懒的姿
势，所以沙发的高度会比椅子再低些，从椅
脚至坐垫处为 35~42 厘米，让脚可以轻松
地摆放。

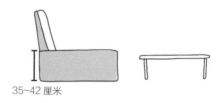

35~42 厘米

人体工学尺寸 03

茶几高度随着沙发而定

茶几高度大多是 30~40 厘米，选择时要考虑与沙发配套设置，比如若沙发较低则茶几也要跟着选
较低的，反之较高的沙发就可搭配较高的茶几，以使人们拿取物品时更舒适；另外，建议小空间选
择较低的茶几来减少压迫感。

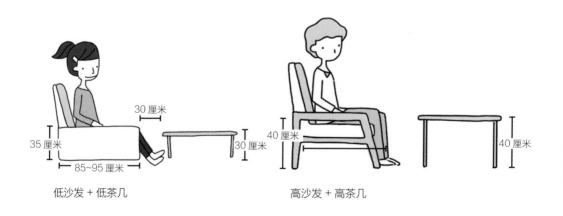

人体工学尺寸 04

沙发、茶几和电视之间的最佳距离

小面积住宅可考虑舍弃大的茶几摆设，改以边几获取置物功能，这样可保留畅通的动线，但若习惯有茶几的话就需要与沙发之间保留约 30 厘米距离以方便取物，而茶几与电视机的间距也属于动线，则要有 75~120 厘米的宽度，让人可以轻松穿梭走动。

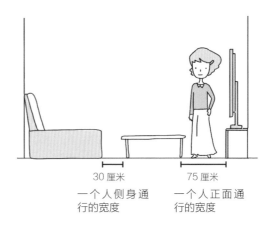

30 厘米
一个人侧身通行的宽度

75 厘米
一个人正面通行的宽度

家具的基本尺寸 01

主墙面与沙发的比例确定

沙发通常会依着客厅主墙而立，两者之间需有一定比例，一般主墙面宽多落在 400~500 厘米之间，最好不要小于 300 厘米，而对应的沙发与茶几的总宽度则可为主墙宽度的 3/4，也就是宽度为 400 厘米的主墙可选择约 250 厘米的沙发与 50 厘米的边几搭配使用。

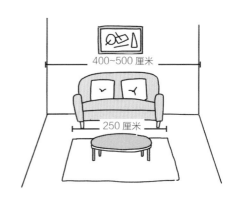

400~500 厘米

250 厘米

从视线截断处计算比例

沙发背墙不一定都是连续平面，也有顺应格局而将沙发放在楼梯侧面的，此时视线就会被楼梯截断，必须从截断面开始计算比例。

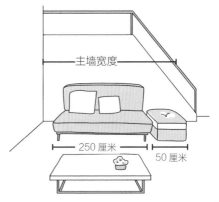

主墙宽度

250 厘米

50 厘米

家具的基本尺寸 02

依空间尺度选择沙发

沙发宽度因单椅、两人座与三人座有所不同，也可以依现场宽度来定做更长的沙发，尺寸从单椅的 80 厘米左右到三人座的 300 厘米以上均有。而影响舒适度的主要是深度，椅背厚度有 20~30 厘米不等，椅深为 60~75 厘米，整体深度落在 80~105 厘米。另外，在空间深度较小的情况下，需考虑到沙发、茶几的深度，应尽量缩减尺寸，避免占据太多空间。

80 厘米深的两人座沙发占据的空间最少。

105 厘米深的两人座沙发

如喜欢盘腿坐可选择较深的款式。

L 形沙发

L 形沙发多半为三人座以上，宽度至少有 350 厘米，长边为 130~150 厘米。长边一侧也需预留走道，走道宽度至少有 60 厘米才恰当。L 形沙发占据的空间尺度较大，需考虑空间大小是否够用。

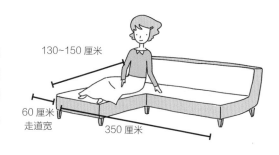

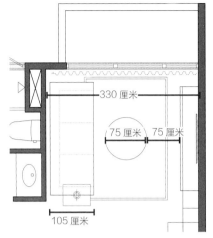

空间深度至少需有 330 厘米

以深度 105 厘米的沙发来计算，若加上 75 厘米的走道和茶几，整体空间最少需有 330 厘米的深度，行走才不会觉得窒碍。当然若选择 80 厘米深的沙发，相对释放出更多的空间给走道，舒适度自然提升。

平面图提供 / 珞石室内装修有限公司

家具的基本尺寸 03
逐渐变薄的视听柜

随着视听设备日益电子化、轻薄化，加上小空间分寸必争的条件，许多设备都渐渐改以壁挂式来节省空间。若仍需电器柜则可采用系统柜的概念来设计，一般柜宽以 30 厘米、60 厘米、90 厘米为单位，至于深度则为 45~60 厘米；若有玩家级视听设备则要增加柜深至 60 厘米以上，以免较粗的音响线材没有空间摆放。

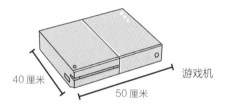

游戏机

DVD

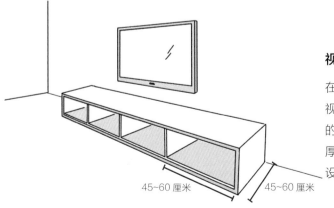

视听柜的深度至少需要有 45 厘米

在小空间中，视听柜多半会集中在电视机的下方或者侧边。除了机体本身的深度，也需考虑散热空间、电线的厚度以及未来更换的可能，因此多半设计为 45 厘米的空间。

参考采光面配置家具

因空间小、人口通常也简单，小面积客厅难以采用传统3、2、1或3、2、2的家具配置，常见的为以一字形或L形沙发为主轴，如不足可搭配脚凳来做弹性配置；至于茶几的部分建议选择方便移动的款式，使空间利用更灵活。另外，采光是起居空间中关键的要素，无论确定客厅方向还是家具位置都要先考虑采光面，若有阳台则要注意动线，将主沙发避开阳台面以免造成出入不便；另外，电视机也不可放在采光面，以免直视光线造成眼睛不适。

侧光配置沙发

这是一般最常见的配置，与光线平行。

沙发正对落地窗

光线直射眼睛，容易造成不适感。

60厘米

沙发背向落地窗

沙发与落地窗之间需留出至少60厘米宽的走道，才方便行走。建议落地窗选用封闭式、不可出入的，这是因为背对出入口，无法立刻察觉来者，容易产生不安，因此尽量避免此种配置。

常见配置 02

一字形沙发，所需的墙面最短

若客厅为方形格局，可将沙发放置于大门斜对面，电视机的位置则与大门同侧，这样较容易掌握大门进出的状况。若空间允许还可设立玄关屏风，避免开门直视沙发区，使得隐私容易暴露。长形格局则可将沙发放在长边一侧，而大门与沙发之间可由屏风隔出玄关，既为沙发提供屏障也因此调整长形格局。

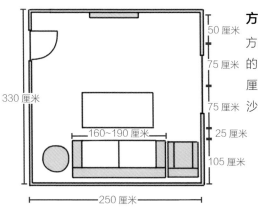

方形格局，墙面尺度被限缩

方形空间的深度和宽度都有所限制，建议以一字形的沙发为配置标准。两人座的沙发宽度为 160~190 厘米，因此若墙面宽度小于 250 厘米，选用两人座沙发为最佳。

长形格局 + 一字形沙发

由于空间纵长拉宽，因此可将沙发放置在长边一侧。若想采用 300 厘米的三人座沙发和 50 厘米的茶几，至少需留出 350 厘米的长度。还要适时加上柜体或屏风遮掩，让空间保有私密性。

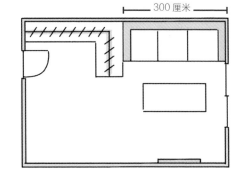

长形格局 + L 形沙发

常见的 L 形沙发多为三人座加两人座的形式或是两人座加单人转角椅及脚凳的组合，无论哪一种形式总面宽都要 350 厘米左右。因此，想配置 L 形沙发的客厅，主墙面宽最好大于 350 厘米，尽量在 400 厘米以上，以免感觉拥挤。

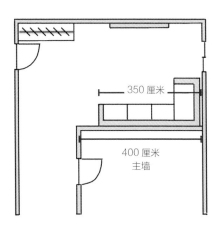

格局破解 01

找不到可用长墙面，怎么办？

小面积住宅常遇到主墙面过短的情况，导致沙发区看起来很局促、感觉无法放松，建议可将紧邻的侧墙改以镜面材质做包覆或者将背墙改用玻璃材质，甚至是开放设计等，可有效弱化实墙的压迫感，同时也能让视线有延伸的错觉。

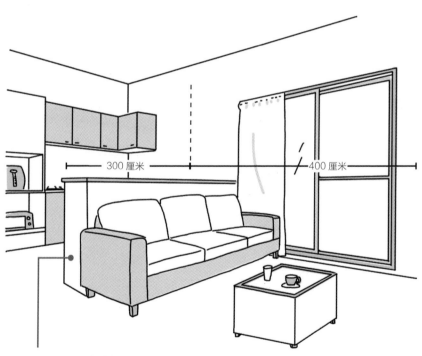

开放设计让空间深度加大，避免人们注意到沙发背墙过短的状况。

格局破解 02
轻盈单椅可以自由配置

舍弃传统主沙发的配置，可以改为单椅的组合，例如依空间大小挑选 2~3 张可移动式的单椅随意摆放，让空间看起来更轻巧，还可以搭配脚凳来提升舒适感。

单椅能减少视觉的厚重感

坐榻取代沙发更省空间

直接放弃沙发的选项，沿着墙面规划出坐榻来取而代之，可省下沙发靠背的厚度空间；至于舒适度则可搭配彰显人体工学的厚坐垫，再依空间规划出最适合的高度与宽度，同样能有不错的效果。

图片提供 / 明代室内设计

五金设计 01
五金拉门，让空间有如变魔术

客厅设计以舒适为主，五金的运用比起其他区域较少，倒是有利用五金拉门做屏蔽的，将书桌区或厨房区纳入客厅的设计，平日不使用时可完全关闭以保持客厅的简洁，需要工作时再打开即可让此房间功能展现出来。

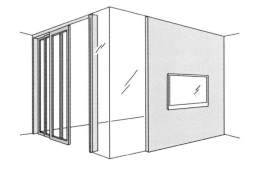

第三章
餐厨区

餐厨合一的尺寸比例

餐厅和厨房，是传统观念中不可或缺的住宅配置。受现代居住环境不断被压缩的影响，它们的存在逐渐变成一种奢侈，加上现代人生活习惯的变化，住宅餐厨区使用频率下降，如何结合既有餐厨功能，又可以融入公共场所，打造出不仅能享受美食、更能与家人共享"生活"的餐厨场景，是小面积住宅亟须好好面对的规划重点。

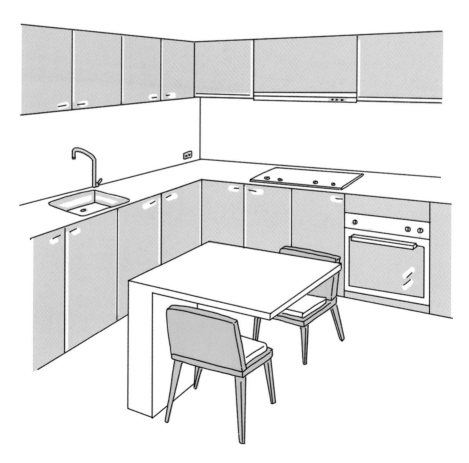

人体工学尺寸 01

餐桌与墙面保留 70~80 厘米间距

餐厅内主要陈设的家具有餐桌、餐椅和餐柜，如何让用餐空间呈现舒适氛围，避免家具"卡顿"是一门学问。首先要定位的是餐桌，无论是方桌还是圆桌，餐桌与墙面间应保留 70~80 厘米间距，以便拉开餐椅后人们仍有充裕的行动空间。

餐桌位于动线上时，距离墙面应有 100~130 厘米

餐桌与墙面之间除保留椅子拉开的空间外，还要保留走道空间，必须以原本的 70 厘米再加上行走宽度约 60 厘米，所以餐桌与墙面至少有一侧的距离应保留 100~130 厘米，以便于行走。

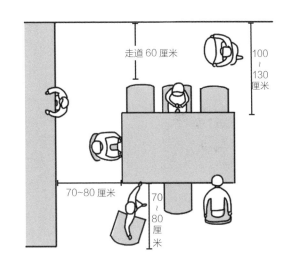

人体工学尺寸 02

厨房走道维持 2 人共享，90~130 厘米宽为佳

厨房走道的宽度建议维持在 90~130 厘米，若为开放厨房，餐厅与厨房多采用合并设计，餐桌或中岛桌与料理台面也需保持相同间距，可以让两人错肩而过，当要将料理台面上的餐盘食物放到餐桌上时，只需转身完成数步的距离，相当便利。

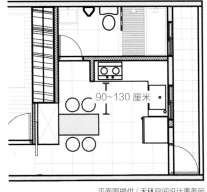

平面图提供／禾秝空间设计事务所

家具基本尺寸 01

餐桌高度约为 75 厘米

为了搭配格局，餐桌的形状发展出圆形、正方形和长方形，无论何种样式餐桌高度都在 75~80 厘米，可依自家屋高或餐椅样式的高低来选择。若需要兼做书桌或咖啡桌则建议选择较低款 75 厘米以下，久坐会较舒适。而为了配合餐桌，餐椅高度大多在 60~80 厘米，其中椅脚高 38~43 厘米，座面宽 45~48 厘米，座深则为 48~50 厘米。

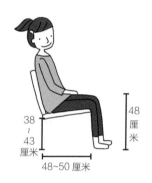

人体坐姿高度

一般坐着的高度计算是以膝盖到脚底的平均高度而定，男性为 52 厘米高、女性为 48 厘米高，前后误差 3 厘米，扣掉膝盖的厚度 5~8 厘米，因此椅脚高度为 38~43 厘米。另外，臀部面宽约为 33 厘米，因此椅面宽度一定要超过 35 厘米。

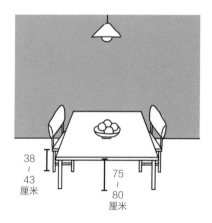

桌高为 75~80 厘米

使用扶手餐椅，4 人餐桌长度至少为 170 厘米

若想使用扶手餐椅，餐椅宽度再加上扶手则会更宽，所以在安排座位时两张餐椅之间约需 85 厘米的宽度，因此餐桌长度也需要更大。

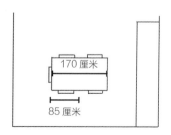

家具基本尺寸 02

小面积房间以 2~4 人餐桌为主

圆桌大小可依人数多少来挑选，适用两人座的直径为 50~70 厘米，四人座的为 85~100 厘米。正方形桌面单边尺寸有 75~120 厘米不等。至于长方形桌面尺寸则是四人座长、宽分别约为 120 厘米、75 厘米，六人座长、宽分别约为 140 厘米、80 厘米。小空间中建议以 2~4 人桌为主，方桌的最小尺寸可选择 60 厘米，且方形比圆形更节省空间。

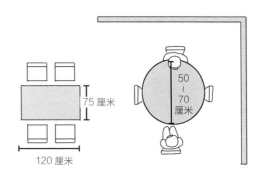

家具基本尺寸 03

吧台与中岛台

越来越多的小家庭选择用吧台或中岛台取代正式餐桌，其可当作厨房的延伸，也身兼划分餐厨区域的重要角色。中岛台的基本高度与厨具大小相同，在 85~90 厘米，若想结合吧台形式则可增高到 110 厘米左右，再搭配吧台椅使用。

吧台高度为 90~115 厘米

吧台台面高度一般有 90~115 厘米不等，宽度则在 45~50 厘米之间；吧台椅应配合台面高度来挑选，常见的高度为 60~75 厘米，就人体工学角度较为舒适。

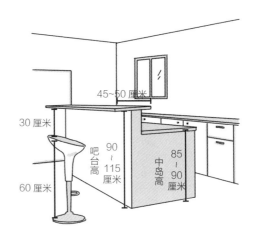

椅面与台面的高差约为 30 厘米

不论是餐桌还是中岛台，若想选择适合的椅子高度，只要记住比桌面或台面低 30 厘米的原则就可以。

高餐柜和低餐柜

在餐厅中的橱柜源于实用功能，形式与尺寸都随机而定，可分为展示柜、餐边柜等。另外，厨房电器柜也有移至餐厅内的趋势，有些餐柜尺寸是以空间尺度量身定做的，而常用餐边柜高度为 85~90 厘米，展示柜则可高达 200 厘米，至于深度多为 40~50 厘米，收纳大盘子、长筷子和长勺时更方便。

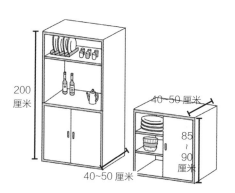

家居基本尺寸 05

厨具高度依使用者身高微调

现今厨具厂商提供的标准厨具高度大多在 80~90 厘米（含台面），可依使用者身高做调整。根据日本厚生省统计，因炒菜和清洗行为的主要工作部位差异（手肘和腰部），建议让煤气灶比水槽台面略低约 5 厘米更符合使用，以身高 160 厘米的使用者为标准，最符合人体使用的台面高度应是煤气灶的台面约 85 厘米，水槽台面 90 厘米为佳，计算方式如下：

最符合手肘使用：煤气灶 =（身高／2）+5 厘米

最符合腰部使用：水槽台面 =（身高／2）+10 厘米

备料区以 75~90 厘米为佳

一般料理动线依序为水槽、备料区和炉具，中央的备料区以 75~90 厘米为佳，可依需求增加长度，但不建议小于 45 厘米，会较难以使用；注意炉具避免太靠近墙面会影响使用，若有余裕可预留约 40 厘米平台便于摆放备用锅具。

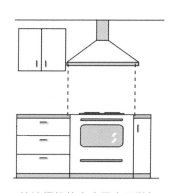

抽油烟机的宽度需大于煤气灶，以免油烟逸散

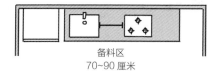

备料区
70~90 厘米

依五金、家电制定尺寸

厨具受限于既有五金、家电规格，尺寸变化有限，以流理台面而言，多半需依照水槽和煤气灶深度而定，常见的深度为 60~70 厘米。最常见于小户型中的一字形厨具，总宽度为 200 厘米以上；若为 L 形厨房则长边不建议超过 280 厘米，否则容易导致动线过长影响工作效率。

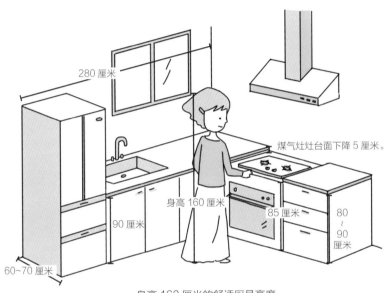

身高 160 厘米的舒适厨具高度

吊式橱柜与抽油烟机整合设计

厨具上方的吊式橱柜常见尺寸为距离台面 60~70 厘米，深度 45 厘米以下，以便拿取物品不撞头；此外，这类规划也经常配合抽油烟机统一设计，视抽油烟机吸力强弱多在 75 厘米以下，不影响使用，也让整体视觉更为整洁。

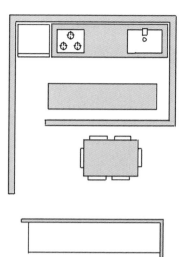

常见配置 01

餐厅、厨房各自独立

小户型的餐厨空间近年面临变革，迎合使用者的生活习性，餐厅常被并入客厅或厨房，或者联合厨房来放大餐厅成为起居生活的重心，这一趋势也造成住宅板块的转移，甚至让餐厨区与客厅形成 1 ∶ 1 的空间比例，餐厨区俨然成为凝聚家庭情感的中心点。

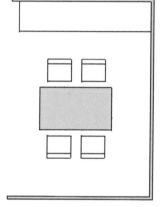

独立餐厅

独立餐厅可分为长方形与正方形格局，长方形格局建议选用长桌，若空间小可让餐桌紧靠单墙摆设来节省空间，但摆上餐桌椅后仍需留有约 60 厘米的行走空间；至于正方形餐厅则不局限何种餐桌形状，但还是要留有行走动线。

常见配置 02

餐厨合一

餐厨合并的格局因省略了隔间墙，加上彼此共享走道或工作动线而有更多利用空间。规划上可将一字形料理台与中岛餐桌做平行配置，或是用 L 形料理台与中岛餐桌搭配，或是用流理台搭配 T 形的吧台与餐桌，餐厨区形式主要根据空间格局、动线和料理习惯而定。

一字形餐厨区

空间宽度足够、深度不足的情况下，深度至少需有 295 厘米。

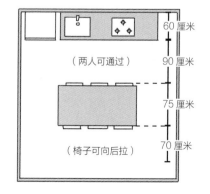

一字形餐厨区，中岛台和餐桌合并

空间宽度足够、深度不足且居住人数少的情况下，深度至少需有 280 厘米。

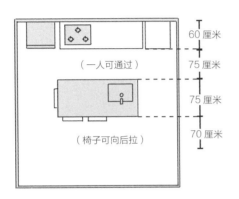

60 厘米
（一人可通过）
75 厘米
75 厘米
（椅子可向后拉）
70 厘米

一字形厨房加上中岛台，餐桌独立

空间深度足够的情形下，可让中岛台、餐桌各自独立，在餐桌与中岛台垂直的情况下，深度至少需有 390 厘米。

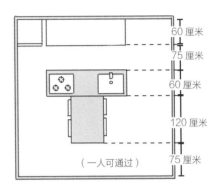

60 厘米
75 厘米
60 厘米
120 厘米
（一人可通过）
75 厘米

L 形餐厨区，餐桌独立

空间宽度和深度至少都需在 295 厘米左右。

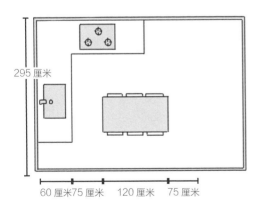

295 厘米

60 厘米　75 厘米　120 厘米　75 厘米

小户型多设置一字形和 L 形的设计

以小户型而言，多半为一字形和 L 形的厨具设计。若是一字形厨房，所需宽度为走道宽度＋流理台深度，大约为 135 厘米；若是 n 字形厨房，所需宽度为走道宽度＋两侧流理台深度，而走道宽度又必须扩大到可供两人同时使用，避免相互打到，空间宽度最好为 225 厘米以上。

60 厘米
105 厘米
60 厘米
摄影／刘士诚

格局破解 01

由生活习惯决定客餐合并或餐厨合一

为提升每平方米面积的利用率，避免餐厅独立存在，餐厅究竟要与厨房结合，还是跟客厅在一起使用，合并后是将餐厅虚级化以吧台或茶几取而代之，还是将餐厅放大，包容起居、工作与轻食料理的功能，这些都要在设计之前先做考虑，由自己的生活习惯来决定格局。

沿窗设计咖啡座，取代餐桌

由于客厅茶几与餐桌的高度明显不同，如何让客餐厅合并后，还能有舒适的用餐空间，但形式上仍保有轻松的客厅模式呢？不妨考虑咖啡吧台的设计。咖啡吧台高度75~80厘米，略低于餐桌，搭配座高约40厘米的椅子，深度约做60厘米，这样就可以保证舒适度与实用性兼具。

格局破解 02

开放式中岛台取代餐桌设计

若空间真的不足，也常见直接以中岛台取代餐桌的设计，能有效节省空间，也能充当厨房台面的延伸，增加厨房的工作区。台面高度可配合料理目的设至85~90厘米，但须调高餐椅高度或于餐桌位置切出高低差（餐桌为75厘米）以符合使用，也是常见手法。

图片提供 / 明代室内设计

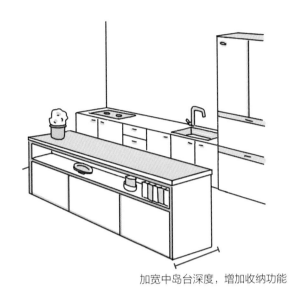

中岛台略深，争取收纳空间

一般中岛台（含水槽）的基本深度约 60 厘米，也可以尝试适度增加其深度，在赋予厨房更多收纳功能的同时，也能让部分空间作为外侧餐厅或公共区域使用，如杂志架、杯架等，增强收纳的灵活性。

加宽中岛台深度，增加收纳功能

五金设计 01

可完全收纳的餐桌设计，不占空间

无论是利用下翻桌面还是上掀桌板，借由墙面与五金设计就可轻易架起一张好用的桌面，而且不用时可以完全收纳不占空间，是小户型提高每平方米使用率的最好帮手。

利用五金设计可延展的桌面

运用五金的设计，可轻易将原本的小桌面像变魔术一样变成两倍或三倍大，非常适合单身或两人居住，但假日有亲友来访时需要大桌面的屋主，使得空间不会被大桌面限制，让生活尺度更宽敞、更灵活。

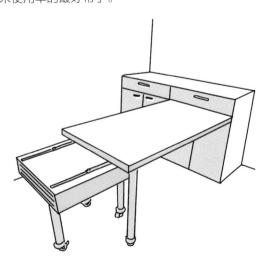

第 四 章

卧 室

优先确定床位，再配置其余家具

相对于其他公共空间，卧室属于个人的私密区域，空间功能也与个人需求及使用习惯有关，因此应先决定床与衣柜的位置，确定衣柜门板不会打到床，且可留出适当的行走空间，其余如床边柜、梳妆台等家具，就使用剩下的空间再做配置。

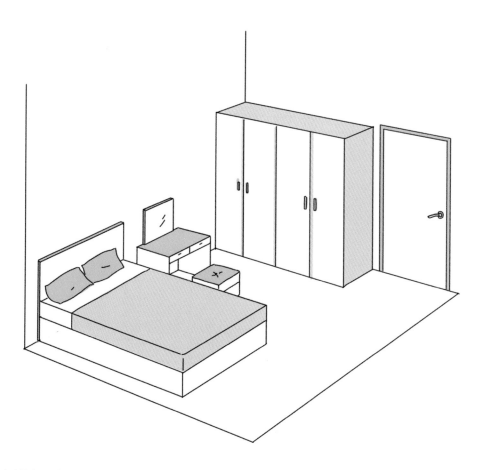

家具基本尺寸 01

衣柜深度至少 60 厘米

一般成人的肩宽约为 52 厘米，以此推算衣柜深度至少需要 60 厘米，但若衣柜门扇为滑动式，则需将门片厚度及轨道计算进去，此时衣柜深度应做至 70 厘米较适当。而单扇门为 40~50 厘米，整体衣柜的最小宽度在 100 厘米左右。

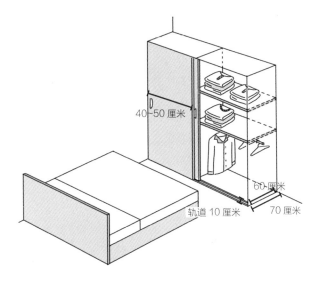

需留衣柜开门与行走空间

衣柜深度需 60 厘米，衣柜打开则不会打到床，因此之间的走道需留至 45~65 厘米；若是一人拿取衣服，后方可让另一人走动，则需留至 60~80 厘米。

两人可通行走道

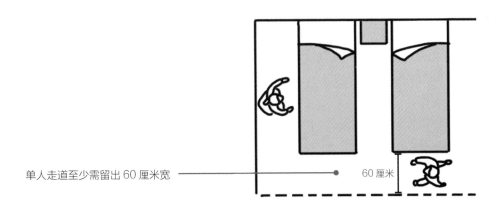

单人走道至少需留出 60 厘米宽

家具基本尺寸 02

柜体 90~110 厘米可减少弯腰动作

卧室经常配置的五斗柜，建议选择 90~110 厘米高度，这样在取放物品时，才不需要经常做弯腰的动作。

电视斗柜高度 80~90 厘米最适合

卧室通常会搭配五斗柜增加收纳功能，有时为了节省空间，会将电视机放置在五斗柜上，若有此需求，选择 80~90 厘米高度的柜体为佳，以免柜体过低、过高影响躺在床上观看的舒适性。

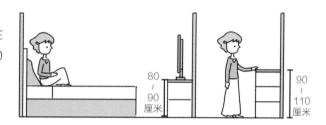

常见配置 01

床居中摆放

床是卧室的主要家具，空间大小影响选用的床的大小，应首先决定床的位置，位置确定之后，橱柜的摆放位置应与床铺有适当距离，一般单人床的尺寸（宽 × 长）为 106 厘米 ×188 厘米、双人床为 152 厘米 ×188 厘米、"Queen size"为 182 厘米 ×188 厘米、"King size"为 180 厘米 ×213 厘米，以此可推算出适合卧室的尺寸，但若真的想摆放大床，可减少床边柜、梳妆台等的配置，以挪出多余使用空间。

将床摆放在中间的配置方式，常见于空间较大的主卧，位置确定后，先就床的侧边与床尾剩余空间宽度，来决定衣柜的摆放位置。若两边宽度足够，则要注意侧边墙面宽度如果不足，可能要牺牲床头柜等配置；床尾剩余空间若不够宽敞，容易因高柜产生压迫感。

188 厘米

80 厘米

60 厘米

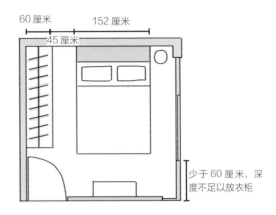

60 厘米　152 厘米
45 厘米
少于 60 厘米，深度不足以放衣柜

常见配置 02

床靠墙摆放

空间较小的卧室，为避免空间浪费，通常选择将床靠墙摆放，床尾剩余空间（包含走道空间），通常不足以摆放衣柜，因此衣柜多安排在床的侧边位置，且在空间允许的情况下，会将较不占空间的书桌、梳妆台移至床尾处或者摆放开放式橱柜，因此善用空间也能增强卧室的功能性。

格局破解 01

善用床头、床尾上方空间，缩减空间纵深

若是空间纵深或宽度不足，只摆得下一张床的情况下，不如利用垂直空间，让柜体悬浮于床头或床尾的上方。一般床组多会预留床头柜空间或者有人忌讳压梁的问题而将床往前挪移，在缺乏摆放衣橱的空间或者收纳不足时，便可利用床头柜上方空间，打造收纳橱柜，满足收纳需求。

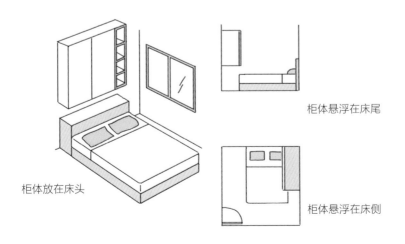

柜体悬浮在床尾

柜体悬浮在床侧

柜体放在床头

第五章

卫浴区

首重坐便器和洗手台的位置

卫浴空间可分成干、湿两区来考虑，一是洗手台和坐便器的干区，二是淋浴空间或浴缸的湿区。其中洗手台和坐便器最为重要，因此需优先决定，剩余的空间再留给湿区。淋浴空间所需的尺度较小，在小空间内就建议以淋浴取代浴缸，若是空间非常狭小，甚至可考虑将洗手台外移，洗浴能更为舒适。

人体工学尺寸 01

洗手台高度为 65~80 厘米

洗手台本身的尺寸为 48~62 厘米见方，两侧再分别加上 15 厘米的使用空间，这是因为在盥洗时，手臂会张开，若是将脸盆靠左或靠右贴墙放置，使用上会感到局促，因此左右需预留出张开手臂的宽度。洗手台离地的高度则为 65~80 厘米，可尽量做高一些，以减缓弯腰过低的情形；若家中有小孩或长者，则以小孩或长者的高度为依据，避免过高难以使用。

镜子的高度需和人的视线等高

为了让空间有效利用，可选用具有双重用途的镜柜，强化收纳功能。镜子的高度需和人的视线等高，多半会在 60~180 厘米之间，这个高度同时也是拿取柜内物品最轻松的高度。

装设镜柜需考虑洗手台深度

若要使用镜柜，需注意手触到镜柜的深度是否会太远。这是因为在人和镜柜之间会有洗手台，若是洗手台深度为 60 厘米且镜柜内嵌于壁面中，洗手台深度加上 15 厘米的镜柜深度，手伸进去拿取物品的距离就有 75 厘米，身体必须前倾才能拿到，小孩或长者拿取时则会更加困难，所以一般建议手触到镜柜内部的深度为 45~60 厘米。

人体工学尺寸 02

洗手台后方需留出供一人通行的间距，约 80 厘米

卫浴空间若是增加两个洗手台，就必须考虑到会有多人同时进出盥洗的情形，一般来说一人侧面宽度为 20~25 厘米，一人肩宽约为 52 厘米，若要行走得顺畅，走道就需留 60 厘米宽。因此一人在盥洗，另一人要从后方经过时，洗手台后方至少需留出 80 厘米（20 厘米 +60 厘米）宽度才适合。

人体工学尺寸 03

坐便器前方留出 60 厘米空间最重要

坐便器面宽尺寸大概在 45~55 厘米之间，深度为 70 厘米左右。由于人们的行动模式会是走到坐便器前转身坐下，因此坐便器前方需至少留出 60 厘米的回旋空间，且坐便器两侧也需分别留出 15~20 厘米的空间，起身才不觉得拥挤。

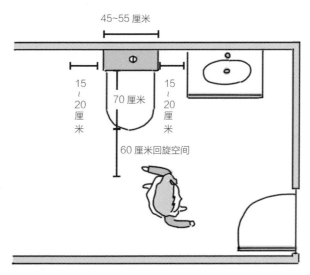

人体工学尺寸 04

淋浴区需 90 厘米见方即可，浴缸则需 167 厘米长才能放置

淋浴区为一人进入的正方形空间，一般人的肩宽约为 52 厘米，考虑到洗浴时手臂会伸展，可能还会有弯腰蹲下的情形，前后深度也需一并考虑，因此最小淋浴空间为 90 厘米 ×90 厘米，可再扩大至 110 厘米 ×110 厘米，但边长建议不超过 120 厘米，否则会感到有点空旷。而浴缸本身尺寸约为 167 厘米长、65~70 厘米宽，因此若要配置浴缸，需考虑空间长度是否足够。

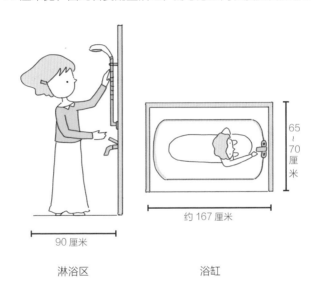

90 厘米

淋浴区

65～70 厘米

约 167 厘米

浴缸

淋浴间开门需留回旋空间

若淋浴区门口采用向外开门的方式，需注意一面门扇宽度约为 60 厘米及其以上，因此淋浴区出口前方需留出至少 60 厘米的回旋空间，且应避免开门打到坐便器。

60 厘米

坐便器、洗手台和淋浴区并排

在确定卫浴设备的配置时，多半会将干、湿区分开考虑，坐便器和洗手台位置一起考虑，接着再考虑淋浴区或浴缸，一般坐便器和洗手台会配置在离门口近一点的位置。

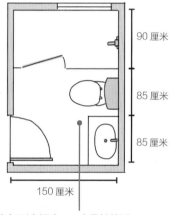

在长形空间中，尺度足够的话，从门口开始安置洗手台、坐便器和淋浴区，采用并列的方式。

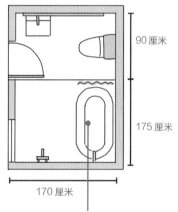

若空间宽度足够，可以将浴缸和淋浴区配置在一起。

坐便器和洗手台相对

在方形空间中，由于空间深度和宽度尺寸相同，坐便器、洗手台和湿区无法并排，因此坐便器和洗手台必须相对或呈 L 形配置，以缩减使用长度。

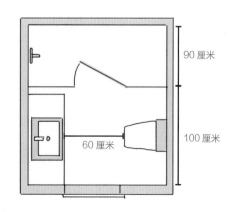

格局破解 01

淋浴区设在过道

若是卫浴空间面积过小，仅能放得下坐便器和洗手台，可作为客浴使用。若还有洗浴的需求，则可将坐便器前方的过道作为湿区，但此种配置方式无法彻底区分干、湿区。

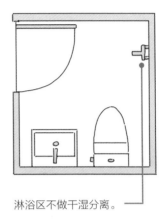

淋浴区不做干湿分离。

格局破解 02

洗手台外移

若空间过于狭小，可考虑将洗手台外移，保留坐便器和淋浴区或浴缸空间。

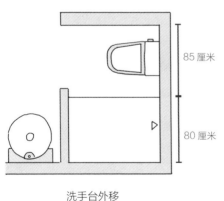

85厘米

80厘米

洗手台外移

图片提供 / 明楼室内装修设计有限公司

淋浴区向外挪，呈 T 字形格局

第 六 章

双 层 空 间

准确拿捏高度分配

在平面空间有限的情况下，若想扩张住宅的使用面积就需从立面空间做打算，此时，双层设计就成为了住宅规划的常见选择，但执行起来却没有那么简单。除了要考虑整体空间高度的舒适性外，动线的流畅性、覆盖面积大小和双层空间功能定义等，都是双层设计的重要思考元素，稍微拿捏不当反而容易使空间更有压迫感、更加难以使用，不得不慎重。

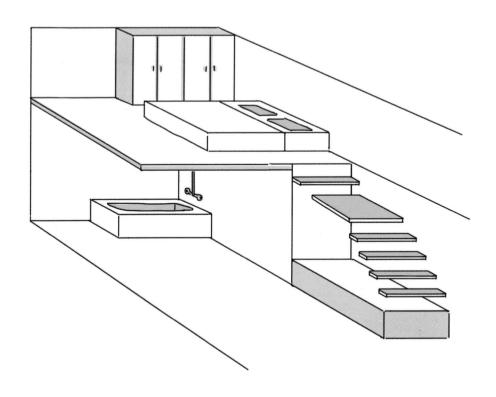

空间基本尺寸 01

空间高度以 420 厘米为佳

现在常见的双层设计中，建议楼高以 420 厘米或其以上为佳，扣除常见楼板厚度 10 厘米、灯具管线 10 厘米，上下楼层仍可各自获得约 200 厘米的高度，确保有足够高度让一位成人自然站立，以不影响空间的舒适性。其次为楼高 360 厘米，若楼高仅有 320 厘米则较难使用，非不得已不建议做双层规划。

楼高 420 厘米

楼高不足，优先考虑下层空间

若空间条件不满足，建议以下层空间的高度为优先考虑，上层被迫无法使人站立，充当临时客房或储藏使用为佳。若楼高 360 厘米，下层楼高建议留出 200 厘米，上层高度为 140 厘米，因为人体坐高为 88~92 厘米，再加上床垫的厚度 12~20 厘米，坐于床上最高约 112 厘米，尚有余裕。

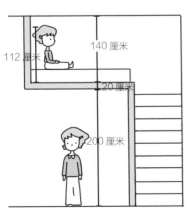

楼高 360 厘米

图片提供 / 明楼室内装修设计有限公司

空间基本尺寸 02
覆盖面积最少 6.25 平方米

大部分双层设计的上层空间会规划成卧室、书房或储藏空间，下层则常见设为餐厨区或卫浴空间。以卧室为例，标准双人床尺寸为152 厘米 ×190 厘米，通行走道间距 60~80厘米，建议覆盖面积最少 250 厘米 ×250 厘米，约 6.25 平方米。

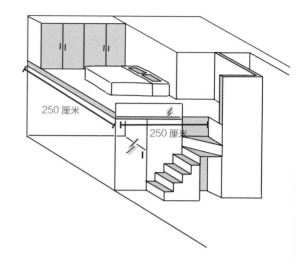

空间基本尺寸 03
依空间条件，
楼梯宽度可略有缩减

一般楼梯的倾斜角度通常为 20°~45° 之间，以 30° 为最佳。尺寸部分，踏阶深度需在24 厘米以上，含前后交错区各 2 厘米，踏阶高度则是在 20 厘米以下。以实际踩踏的感受来说，踏阶高度落在 16~18.5 厘米均可。另外，整体的楼梯宽度为 110~140 厘米，可容纳两人错身行走，但因小面积空间面宽有限，经常会再缩减宽度，并适度省下把手设计或以简单吊筋等五金做替代。

110~140 厘米　　　楼梯角度应为 30°

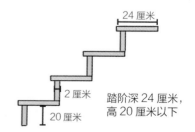

踏阶深 24 厘米，高 20 厘米以下

常见配置 01

楼梯做靠墙，空间分割单纯化

随着楼高条件的不同，双层设计可做多种变化，因此也会有所差异。此外，连贯上下楼层的楼梯更是这类设计不可或缺的要素，除了考虑行走的舒适性和视觉美感，它也左右着住宅整体动线的流畅性，甚至成为空间的主导，创造丰富而多元的生活面貌。

尽量将楼梯规划在空间的边侧，留出完整宽敞的生活空间，上层空间的呈现同样趋向简单，整体多采取开放设计不做多余切割，常见配置如卧室、书房、储藏空间等，若区域面积较大亦可整合复合功能使用。

 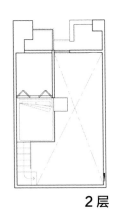

1层　　　　**2层**

平面图提供 / 明楼室内装修设计有限公司

图片提供 / 明楼室内装修设计有限公司

常见配置 02

楼梯置中，划分使用区域和动线

按楼梯的设置为空间做区域划分，主要可分为两种形式，第一种是将楼梯置于空间中央，进行分道，将上层空间切割出两个以上的完整区块，分别作为不同功能区使用；第二种则由楼梯结合墙面或柜体充当隔间，制定上层区域范围，同步下层空间做区隔。

图片提供／瓦悦设计

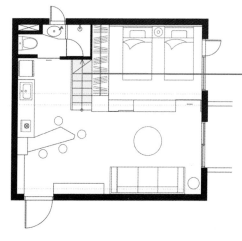

常见配置 03

错层设计打造多元使用功能

运用错层的手法更细微地分配不同区域的适宜高度，设计的复杂性较高，但若拿捏得当可以有效减缓夹层带来的压迫感，也替代一面面隔间墙打开了空间尺度，增添了生活的趣味性与视觉的活泼感。

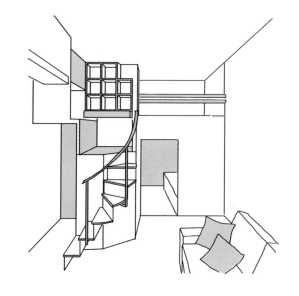

放大设计 01

通透多元的围栏设计

基于安全考虑，双层空间的边缘多会规划一座墙或围栏做保护。这时可选用清透的玻璃材质保持视线的开阔感，或规划简易平台替代一般栏杆，结合书桌设计赋予多元功能，都是常见又好用的方案。书桌标准深度约 60 厘米，可视需求缩减。

图片提供/明楼室内装修设计有限公司

放大设计 02

结合楼梯与收纳的双重功能

虽然空间有限，住宅的收纳需求仍是不可忽略的，将连贯上下楼层的楼 梯结合柜体做设计，同时满足动线和收纳需求，常见形式包含抽屉、 开放柜、电视墙、书柜和餐柜等，视楼梯位置与空间需求而定。

图片提供/瓦悦设计

第三部分

好拿好收的尺寸解析

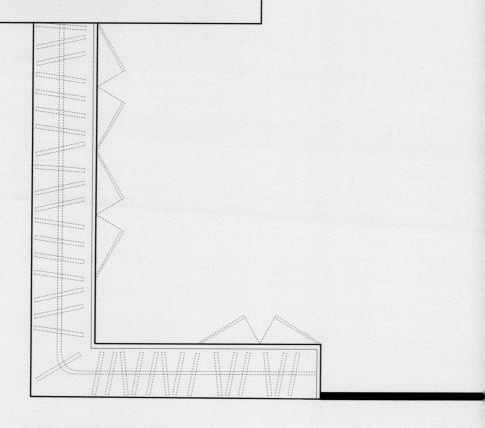

第 一 章
鞋 柜

收得多又不占空间

鞋柜常受限于空间不足，小面积玄关通常需将收纳功能整合并集中于一个柜体，因此关于柜体的摆放位置、尺度的拿捏，甚至五金的结合，都要经过仔细规划设计，才能将小空间的效能发挥到极致，满足所有收纳的需求。

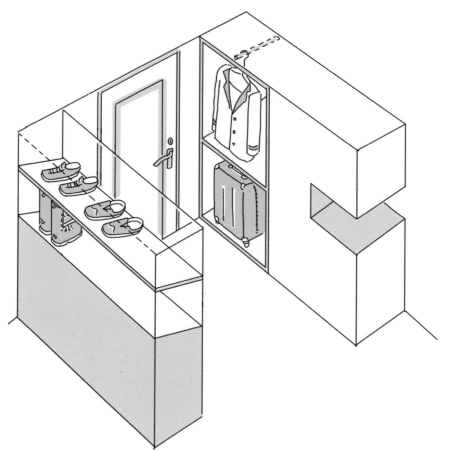

柜体尺寸设计 01

鞋柜深度在 35~40 厘米

男鞋与女鞋大小不同，但一般来说，相差不会超过 30 厘米，因此鞋柜内的深度一般为 35~40 厘米，让大鞋子也能刚好放得下，但若要把鞋盒也放进鞋柜深度至少 40 厘米，建议在定做或购买鞋柜前，先测量好自己与家人的鞋盒尺寸作为依据。

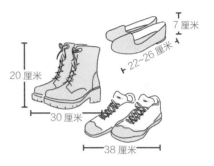

高度比鞋子高一点才好拿取

鞋柜内鞋子的放置方式有直插、置平、斜摆等，不同方式会使柜内的深度与高度有所改变，而在鞋柜的长度上，一层要以能放 2~3 双鞋为主，千万不要出现只能放半双（也就是一只鞋）的空间，这样的设计是最糟糕的。

增加收纳功能，柜体深度至少需 40 厘米

鞋柜除了摆放鞋子，还会规划收纳吸尘器、手推车以及吊挂衣物等功能，此时柜体深度至少需 40 厘米；而为了配合鞋柜深度（40 厘米），衣物收纳可改为正面吊挂方式，此时其面宽则不能低于 60 厘米。

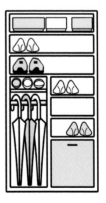

柜体不落地，视觉感轻盈又多出收纳空间

落地高柜容易让人感到压迫，因此鞋柜可采用悬空设计，看起来比较轻盈不会有压迫感，悬空高度建议在 20 厘米左右，不只可摆放常穿的便鞋或室内拖鞋，也不妨碍扫地机的使用。

20 厘米

图片提供／珞石室内装修有限公司

尺度破解 01

层板斜放设计，25厘米深度就能做收纳

玄关深度若不足，无法放置 35 厘米深的鞋柜，可采用斜式层板设计，以斜放的方式收纳，即便是 25 厘米深的鞋柜也能收纳鞋子，建议加上挡板，以防止鞋子掉落。

25 厘米

尺寸破解 02

结合多种功能，共享柜体深度

小面积玄关经常因为空间过小，导致鞋柜空间不足，此时可结合多种功能，如电视柜墙、隔间墙等，利用结合柜体共享内部空间，巧妙解决鞋柜空间不足的问题。

摄影 / 刘士诚

五金设计 01

旋转五金和双层鞋架，收纳量变为两倍

若鞋柜受限于空间，却又希望增加鞋柜的收纳量，此时可在鞋柜内部加入灵活的旋转鞋架，不仅有效增加收纳量，解决了柜体过深或过浅的问题，拿取时也更为便利。若深度足够便可采用双层鞋架设计，不仅大大增加了鞋子收纳数量，且由于鞋架可左右滑动，拿取鞋子时也相当方便。

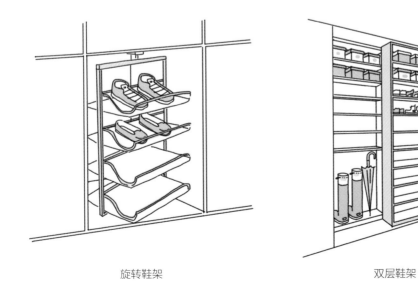

旋转鞋架　　　　　　　　　　　　双层鞋架

悬空感与镜面反射，舒缓迎面压迫感

狭窄的空间要再放入鞋柜难免觉得压迫，因此以抿石子打造玄关入口，利用这种令人眼前为之一亮的另类材质，转移玄关窄小的焦点。鞋柜本身则利用柜体中段置物柜，以镜面反射放大空间感。

柜体尺寸：
柜深度达 40 厘米，并利用鞋柜中段 35 厘米高的置物柜区分功能，上柜收纳鞋盒，下柜可收纳常用的外出鞋与室内拖鞋。

柜体设计：
鞋柜下段镂空高度 25 厘米，加上鞋柜中段置物柜以茶镜衬底，借由悬空与镜面反射效果，缓解进门即面对整面鞋柜的压迫感。

系统板材隐藏鞋柜、储物柜

一进玄关右侧即面对一根结构柱，设计师巧妙利用系统柜板材将其包裹住，不但修饰了柱体，面向玄关的地方更打造出鞋柜，左侧凸出部分则是融入了收纳换季家电的储物柜，让柜体消失于无形，同时也减少了空间线条的干扰。

图片提供/六十八室内设计

格局尺度：
在玄关与餐厅之间，以格栅与鞋柜为屏隔，空间掩蔽与通透双效合一。

柜体设计：
采取无把手设计，简化线条，并选用与地板相同木纹材质贴木皮，离地板15厘米，打造悬空感。

柜体尺寸：
因是完全活动式的鞋柜，鞋柜高度仅有120厘米，可容纳36双鞋，以便于日后需求量增大时，可直接更换鞋柜。鞋柜高120厘米，宽85厘米，深40厘米。

系统定制满足大容量收纳

玄关空间过于狭隘不适合安排高柜，选择将高柜规划在进门动线转折的墙面，并利用成组矮柜来丰富柜体设计，通过高矮柜体互相搭配，巧妙地依使用需求做出分区收纳，满足收纳需求的同时也解决了空间不足的问题。

柜体尺寸：
采用系统柜定制高柜，材质选用白橡木，并悬空 20 厘米，以此营造轻盈感。高柜高 232 厘米，宽 134 厘米，深 40 厘米。矮柜高 100 厘米，宽 128 厘米，深 25 厘米和 42 厘米。

柜体设计：
利用矮柜与高柜互相搭配，满足各种收纳需求，并刻意以深浅木色做出视觉变化，柜体悬空下方可摆放室内拖鞋，同时也方便屋主使用扫地机器人。

图片提供 / 珞石室内装修有限公司

图片提供 / 珞石室内装修有限公司

黑白极简低彩度，虚实设计修饰柱体

从玄关进入，由玄关的鞋柜轴线，将视线平行牵引到窗台，完全没有浪费一丝光线所带来的效能，同时从一进门便以黑白配定调的低彩度室内色调，减少了分散视觉焦点的对象，并以地面材质划分玄关鞋柜与客厅之间的空间接口。

图片提供 / 六十八室内设计

柜体尺寸：
鞋柜宽度达 157 厘米，白色柜体搭配极简线条，结合虚实设计，修饰宽 80 厘米的柱体。柜体宽 157 厘米，深 37 厘米。

柜体设计：
利用鞋柜旁的对讲机位置，配置固定式穿鞋椅，柜体悬空并与穿鞋椅重叠，可供坐穿鞋椅上的人放置包包。柜体高 45 厘米，深 37 厘米。

格局尺度：
玄关使用黑色雾面抛光石英砖与客厅形成空间区分。玄关深 160 厘米，宽 240 厘米。

镜面减缓束缚感

玄关空间虽不小，但因没有对外窗加上廊式格局显得有点局促。为此，除了在左侧以成排高柜来增加收纳量外，右墙则在视线高度处以宽幅镜面，搭配错落轻盈的造型柜来营造宽敞空间感。

格局尺度：
在右墙除有镜面延伸视线外，天花板处也细腻地加设了间接光源，以减缓天花板的压迫感，也可增加空间亮度。

柜体设计：
左侧墙柜的收纳量相当可观，且柜内顺应墙面和畸零角落的不平整，将柜深设计为前段 30 厘米与后段 15 厘米两种深度，让屋主依厚度来分类收纳。

图片提供 / 明代室内设计

整合收纳功能与北欧风基本元素

玄关墙面以文化石铺陈，一路延伸至客厅，端景处的展示柜界定区域段落，加上悬空设计，用来化解整面柜体沉重的压迫感；电视主墙同样选择暖色系，使温暖气息充盈室内。

图片提供 / 云司国际设计

柜体尺寸：
电视主墙挥洒优雅的灰绿色调，搭衬天然木皮板与自然日光，加上电视墙上随性错落的展示柜，展现活泼且不拘形式的一面。电视墙高度 220 厘米（不含矮柜，矮柜高度 20 厘米，宽度 238 厘米 ）。

柜体尺寸：
悬挂柜体不仅结合鞋柜与机柜，更可藏入可弹性收放的餐桌（120 厘米 ×90 厘米），使得廊道空间与餐厅灵活转换定位。鞋柜高 220 厘米，深 158 厘米。

移动式穿鞋椅，精准对应玄关动线

在大门与阳台侧门之间精准利用仅有的长 110 厘米、宽 34 厘米的墙壁空间，玄关以加入实木皮柜体来完善收纳功能，移动式穿鞋椅与镂空柜体的结合，丝毫不影响行进动线。

格局尺度：
鞋柜位置靠近门把手一侧，开放式置物柜拿取钥匙最顺手，置物柜内灯照明也可发挥玄关灯的作用。

柜体设计：
从鞋柜本体延伸的伸缩式穿鞋椅设定高度为 40 厘米，活动式的穿鞋椅不影响阳台动线的进出。穿鞋椅长 95 厘米。

图片提供 / 六十八室内设计

柜体分区使得收纳方便使用

由于没有明显区隔出玄关空间，因此鞋柜沿着临近大门的墙面打造大型柜体，柜体采用分区收纳，除了主要收纳鞋子以外，柜子的上半部空间可用来吊挂外出常穿的外套、衣物等，采用正面吊挂方式，即便深度只有45厘米，空间也会很充足。

图片提供/橙碩设计

柜体尺寸：

深度齐梁柱，若有深度不足问题，则需要改变收纳方式。鞋柜高235厘米，宽120厘米，深45厘米。

柜体设计：

大型柜体深度刻意于墙齐平，并采用隐形把手设计，让柜面线条更为利落，无形中也淡化了柜体的存在感。

功能整合，满足多重需求

小户型空间中，鞋柜通常需兼具多种收纳功能，因此在入口处齐墙面规划出大型柜体，除了收纳鞋子外，部分空间搭配现成收纳盒用于收纳生活杂物。柜体离地悬空 25~30 厘米，轻松营造轻盈感，悬空下方也可摆放拖鞋或常穿的鞋子。

图片提供／十一日晴空间设计

柜体尺寸：
柜高不做到顶，是为了避免小空间产生压迫感，并留出开窗空间，将光线顺利引入卧室。柜体高 156 厘米，宽 250 厘米，深 40 厘米。

柜体设计：
将大门右侧梁柱包裹留至 40厘米与柜体齐平，并因此维持柜体表面平整，门扇并以留沟缝隐形把手设计，营造视觉上的干净利落之感。

不只是鞋柜，还扩增了供台

从鞋柜到电视墙采用相同的浅色木皮统整质感，营造出一致性的空间视感。墙面纳入实用的鞋柜设计，连供台也规划在其中节省了空间。柜体刻意延伸置顶，使家中大小杂物收整于无形之中。

格局尺度：
由于为长形格局，整体空间宽度较短，约300厘米，因此将鞋柜配置于入门左侧，并全数铺满置顶，形成连续立面不让视线遮断。

柜体设计：
柜门采用无把手式五金，展现平整利落的视觉效果。双开门的设计，整体约90厘米的宽度，收纳量倍增。

摄影/刘士诚　空间设计/禾秣空间设计事务所

第二章

电视柜和卧榻

满足设备承载需求又具备储物功能

客厅因承载着休息、娱乐及联系情感等功能，常有许多视听设备，如何妥善收纳又兼具舒适美观的特性，设计关键就在于视听柜。传统视听柜多与电视墙结合规划，但随着设备的日益轻薄化，电视机多半直接吊挂在墙面，视听柜也随之缩小，整合到边柜即可，甚至搭配遥控设备可将视听柜移至他处，让客厅更显干净，压力自然不再存在。

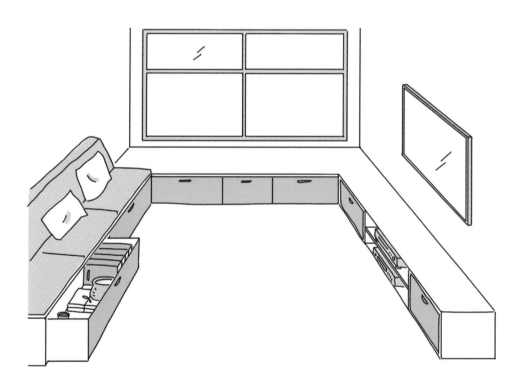

柜体尺寸设计 01

电视柜以视听设备尺寸为基准

电视柜除了有收纳视听设备的功能外，也需要收纳展示品、书本，甚至生活用品杂物。在物品尺寸众多的条件下，多半是以最大的尺寸来评估，一般以视听设备为基准，因为机体有散热与管线的问题，所以柜体需有 45~50 厘米。而展示品和生活杂物则再依据所需尺寸而分割柜内空间。

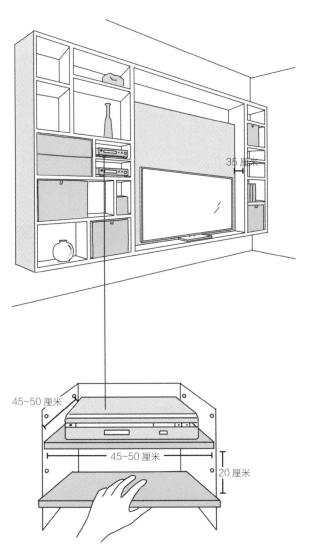

电视机摆放在柜面上深度需有 35 厘米

电视机若是吊挂于墙面，一般 20 厘米深即可。若是置放于柜面上，则不要低于 35 厘米的深度。

层板建议做成活动式

层板高度需视选购设备的尺寸而定，若无法预知确定规格，则可以 20 厘米为通用单位定出柜内层板高度，但建议做成活动式层板，日后要换设备也没问题。

柜体尺寸设计 02

依照身高区分可以站着操作的高度

传统视听柜多采用落地式，但家中如果有老年人或幼童，建议视听柜规划在可以直接站着操作的高度，大约离地面 100 厘米以上，一来避免长辈因久蹲造成不适及增加操控难度，再者小孩也不容易因好奇误触设备。

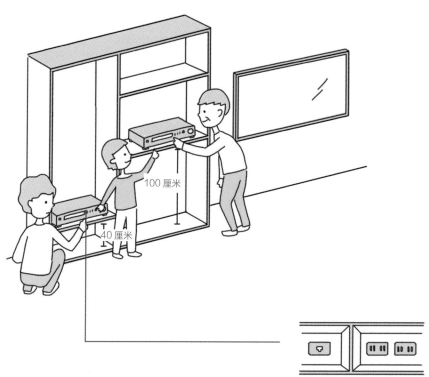

100 厘米

40 厘米

注意线材配管，预留网络线与插座

视听柜与其他柜体的最大不同在于需注意电路安排，尤其线材配管应事先规划路径，避免之后有明管出现；另外，顺应现代 3C 设备的趋势，柜内的网络线与插座数量都需预留充足。

柜体尺寸设计 03

善用高处设置吊柜，深度 20~45 厘米不等

小客厅如何增加更多收纳空间与风格美感呢？设置向上发展的吊柜是不错的点子。常见的电视墙左右及上方或者沙发背墙上半段，这些地方都可利用吊柜或层板设计来增加功能，但要注意避免量体过大造成压迫感。电视墙的吊柜在设计上不能只考虑收纳的功能，同时要注意风格美学，可以搭配层板、开放柜或玻璃门片等设计，尽量让画面轻盈无压力。

若架设吊柜的主要用途是收纳杂物，深度最好是在 40~45 厘米之间，在收纳物品时比较好用、不受限。若是吊柜设在沙发背墙上方，则柜子最低点应不低于 160 厘米，这样才不易有压迫感。

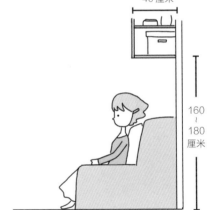

40 厘米深的吊柜，搭配后背沙发

沙发背墙上端的吊柜，如果深度达 40 厘米左右，此时沙发最好挑选靠背较厚的款式，约 30 厘米的靠背加上起身为前倾动作，就可确保站起来时不会撞到柜子，若靠背不够厚，也可增加抱枕来补足，避免吊柜造成的压力。

20 厘米深的吊柜或层板，注意高度即可

展示品、书本等物品，尺寸较小，可选用层板或 20 厘米深吊柜即可，从沙发站起时也不容易撞到。

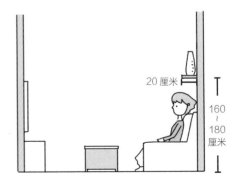

柜体尺寸设计 04

空间深度不够，坐榻取代沙发

坐榻多是量身定做的，因此尺寸相当灵活，若考虑使用的舒适度，同时兼顾收纳功能的话，高度以 35~45 厘米均可，深度以 60 厘米为宜，宽度则无限制，可依现场环境及屋主需求决定。另外，窗户高度会影响户外的景观，也是坐榻设计的考虑条件之一。

卧榻与坐榻用途类似，设计上最大差异在于深度，舒适度与深度有着紧密关系。卧榻通常要能让一人躺下，卧榻宽度至少要能容纳肩宽约 60 厘米，若要舒适些则可达到 90 厘米，大约是一张单人床的宽度。

沙发厚度占据空间

与卧榻相比，沙发厚度约多出 20 厘米，空间深度相对多占用了 20 厘米，即便是卧榻加上靠枕也大约再多出 10 厘米，因此若要换取更多的空间深度，可用坐榻取代沙发。

20 厘米

坐榻

高度为 35~45 厘米，深度为 60 厘米，可坐可卧，但躺下则无法翻身。

35
~
45
厘米

60 厘米

卧榻

深度需考虑躺下的宽度，若要舒适躺卧，建议深度为 90 厘米左右。

90 厘米

柜体尺寸设计 05

卧榻深度大于 60 厘米，收纳建议改成前拉后掀

卧榻或坐榻下方的收纳设计要考虑拿取方式，通常有上掀式与抽屉式两种，一般上掀式放的物品量比较多，但榻上若摆有物品拿取会较不方便，适合收纳较不常取用的大物件；抽屉式拿取物品方便，但收纳量较少，可用来收纳小物。

卧榻下方空间若够大，收纳可采用复合式设计，面向走道或客厅的前半段采用抽屉式，而后半段则改为上掀式设计，要注意的是抽屉若是紧临走道，应考虑走道宽度通常为 80~120 厘米，所以卧榻下的抽屉尺寸不能超过走道宽度才能完全打开。

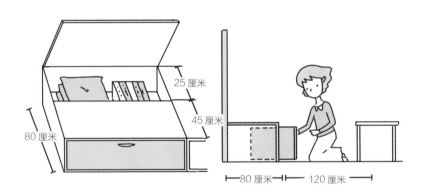

前拉后掀，空间物尽其用

若卧榻的深度足够，可将卧榻拆分成前后两半。以 80 厘米深的卧榻为例，前半部采用抽屉式，深度约 45 厘米，后半部则采用上掀式，深度可达 25 厘米左右。

深抽屉需确认走道宽度

若卧榻的抽屉为 80 厘米，拉出抽屉时会占据到走道空间，建议确认抽屉能否完全打开。

尺寸破解 01

视听柜可移至电视墙侧边或书房

遇到客厅过小，电视墙周边无法设置视听柜的情况，可以借用遥控设备来解决，不只可将视听柜移至客厅侧边，也有人直接将视听柜内嵌在电视墙后方的书房里，可省下客厅空间，日后若需维修也可直接在书房进行更为方便。

摄影 / 刘士诚

电视柜移至侧边

五金设计 01

搭配视听柜内抽板，帮助散热也更好用

如果空间不足，无法设计较大柜体，给予电器适度的散热空间，建议不妨利用柜内抽板的五金设计，如此只要在使用电器时将抽板拉出便可解决，使用上也不会受柜子大小的限制。

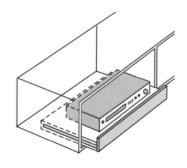

五金设计 02

善用滑轨，让坐榻、茶几可左右移动

为方便置物，坐榻旁多会设置小茶几，但茶几不仅占用空间，还可能影响动线，不如利用五金滑轨将茶几设计在坐榻上，平日可收起不占空间，两人对坐时则可移至中央来摆放杯盘。

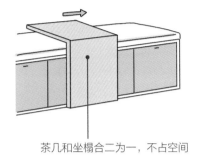

茶几和坐榻合二为一，不占空间

升降和室桌增加使用空间

除了可增设滑轨使茶几与卧榻合为一体外，也可利用升降五金在卧榻区增设和室桌，让单纯的卧榻变为和室，增加更多功能。此外，上掀式的收纳也可以加装撑杆五金来达到省力的效果。

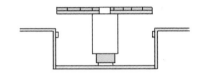

五金设计 03

上掀门、卷门最少省下约30 厘米的门扇开启空间

小空间为争取更多收纳量，可以在柜体门扇上利用五金作为辅助，例如紧临动线的橱柜可以选用卷门取代双开门，省下约 30 厘米的开门空间。另外，坐榻也可改用上掀门设计，便于拿取东西。

上掀设计保留更多走道空间

上掀设计保留更多走道空间

为了节省空间将卧床与起居区合并设计，不睡觉时卧床区就是家里的起居区，而临窗的墙面设有视听墙，摆设有屋主的一对大型喇叭与电视机、柜体，而右侧臂式壁灯与轨道灯则提供足够照明。

图片提供／馥阁设计

柜体尺寸：
走道右侧降板格局的起居区可放入 165 厘米 ×205 厘米的双人床。另外，迎合平时在床上看电视的起居需求，特别加设大量抱枕可变身为沙发座区。

格局尺度：
夹层上规划为儿童房与游戏区，由于孩子还小，特别以玻璃材质设计楼板，让上下楼层互动更亲密。

微角度转折电视墙，放大视觉空间

从大门起始，运用功能立面串联玄关与电视墙，并整合收纳柜体，包括电箱与对讲机亦纳入其中。以白色为主要底色，玄关铁灰色地面则延伸了踢脚线，使得电视柜产生悬空错觉，同时借由这些微角度的转折，拓展了墙面尺度。

格局尺寸：
玄关延伸电视墙，微角度的转折由浅至深达 48 厘米，加上高度为 35 厘米的踢脚线，因而产生视觉退后假象，扩展了整体空间。

柜体设计：
整面电视墙含有收纳柜用途，采取贴木皮、喷白漆施作，使整面电视墙显得更为清爽。

图片提供/六十八室内设计

电视墙与吧台双用的岛桌

将客房的升高地板延伸至起居区，并转化为沙发的底座，让空间有延伸放大感。
另一方面，将厨房大理石中岛台做了美背设计，搭配电器柜与吊挂式电视机则成
为电视柜，满足沙发区的需求。

图片提供／明代室内设计

格局尺度：
舍弃传统客厅格局，利用
提高 15 厘米的地板做底
座定制一字形矮沙发，同
时也解决了因大梁造成屋
高较低的问题。

柜体设计：
将中岛台面向沙发区的立面
设计为电视柜，高 90 厘米
的岛桌下方嵌入电器柜，上
方的电视机则以吊挂方式固
定，显得轻巧有质感。

电视柜与电器柜也是天然隔屏

在面积仅有 33 平方米的小房间内，将电视柜与电器柜做一柜二用设计，让室内形成环状动线，而左侧的木通道下方更有大量收纳空间，以及一座可电动升降的和室桌，让室内采光与视野极佳的窗边多一处阅读、聊天的空间。

图片提供／馥阁设计

柜体尺寸：
厨房区木通道下方柜体宽达60 厘米，即使大件物品也可收纳，而起居区地板虽较高，但仍有 25 厘米高的层板可供置物与坐卧。

格局尺度：
厨房区的地板较低，为了对其有效利用，在窗边设计以木头制作通道与电视柜整合出环状动线，也让厨房与客厅自动分区。

整合功能，满足多重收纳需求

小空间安排过多柜体，容易压缩空间带来压迫感，因此采用具有承重力的铁件，营造柜体的轻盈感，同时结合木素材赋予温暖手感，视听柜配合设备尺寸，量身打造轻薄造型，并选用木素材维持视感的一致性，最后皆以悬空方式固定于墙面，再次强调轻巧的视觉感受。

图片提供／洺石室内装修有限公司

柜体设计：
考虑收纳的便利性，并避免柜体造型过于沉重，仅在下层做封闭式设计，上层安排开放式层架收纳，两段式收纳规划既可丰富柜体造型，也满足不同收纳需求。

柜体尺寸：
配合屋主身高，收纳柜悬空于160厘米位置，确保拿取物品便利，视听柜依视听设备尺寸采取量身定制。悬空收纳柜高148厘米，宽475厘米，深35厘米。视听设备柜高40厘米，宽220厘米，深40厘米。

书桌与电视墙一体两面

屋主想要一间书房，却仅能在客厅与餐厅之间腾出空间，于是打破一般墙面印象，将客厅视听柜与书房书桌并成一体两面的隔间界线，书房以强化玻璃作为隔间，让整个公共区域更为通透，扩展了视觉空间。

格局尺度：
书房以强化玻璃作为隔间，视线可从客厅穿透到书房的大面积格柜书墙，若要保有私密感时放下纯白卷帘即可。

柜体尺寸：
置入一体两面概念，以定制书桌背面为电视墙，电视柜则为高度25厘米的矮柜，书桌高度为130厘米，可将电器电线收藏在夹层里。电视柜高25厘米，宽270厘米，深60厘米。

图片提供 / 六十八室内设计

移除主卧墙面，释放公共区域

三人小家庭不适用原本规划的 2 + 1 的房间格局，因此设计师决定释放空间，将原来的主卧墙面移除，让公共区域光线更充足，并减少固定柜体，利用家具打造空间个性，形成开阔自由的生活空间。

摄影 / 刘士诚　空间设计 / 大晴设计

柜体尺寸：
文化石装饰的墙面后主要是厨房空间，开放式的公共区域则视为一个轻食区，设计悬吊式的及腰矮柜，放置烤箱、空气炸锅、电饭锅等电器，创造方便惬意的居家休闲感。厨柜长372厘米，宽60厘米，高60厘米（含5厘米人造石），离地25厘米。

柜体设计：
电视柜则采用悬吊设计设置在原本墙面位置，不但整合视听设备也可摆放装饰品，电视机以调整角度的旋转设计展开可视角度。电视柜长130厘米，宽50厘米，高40厘米。

升高地板形成走道与起居室

因本身为错层格局导致地板有高低差，为避免一入门就有向下走的阶梯，特别将地板架高，让走道、书桌区与卧室区的格局自然形成。而走道下方和起居区分别设置了上掀柜与侧开收纳柜。

图片提供／馥阁设计

柜体尺寸：
走道下方柜体为长90厘米×宽90厘米×高60厘米的上掀柜，收纳量相当大，而床尾前端则为同尺寸的侧开柜，方便起居卧床区使用。

格局尺度：
利用高低地板来做空间分区，让室内不需隔间墙也能清楚分区，避免空间的局限感。

活动茶几收纳功能强，还原走道更畅通

客厅主墙与通往卧室的木质门片结合，也就是客厅与卧室共用走道空间，在保证走道畅通的前提下，以活动式收纳柜代替茶几功能，平时可收置在窗户下方的壁橱里。

柜体设计：
融合收纳柜概念的定制活动式茶几，柜体侧面预留卫生纸抽取孔，桌面则有杂志孔。

柜体尺寸：
平时不占用主要走道，窗户下方的壁柜用来收放茶几，因此茶几装设滑轮便于移动。壁柜宽 200 厘米，高 95 厘米，深 65 厘米。

内嵌设计与墙面融为一体

利用隔墙厚度，将整个电视柜嵌入墙面，此设计不仅可以有效节省空间，在视觉上也使室内更加开阔。内嵌电视柜没有做太多层板规划，刻意留白让橱柜更具轻盈感。

柜体尺寸：
现代电器多以轻薄为主，深度不需过大，反而以层板、抽屉柜做收纳，更能满足需求。内嵌电视柜高50厘米，宽170厘米，深40厘米。

柜体设计：
呼应以浅色系为主的空间风格，内嵌电视柜选用轻浅木色搭配玻璃层板，成功营造温馨、轻巧之感。

图片提供 / 福研设计

复合式电视柜转作完美隔间墙

在考虑高度足够的情况下，设计师先将屋主女儿的房间运用架高地板的设计，切出下方空间来做收纳储藏柜，甚至通往房间的阶梯内都有抽屉柜，让仅有53平方米的空间，完全没有收纳不足的问题，至于电视墙则是一体多用的完美墙柜与隔间墙的结合体。

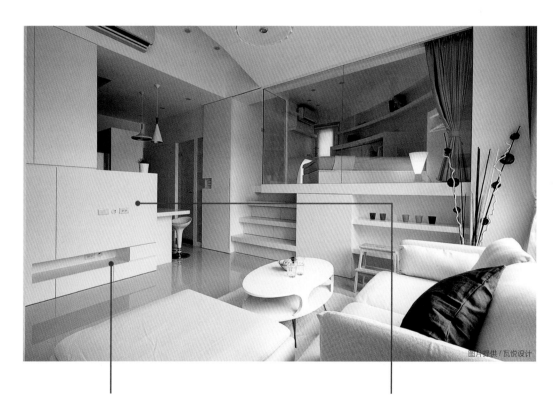

图片提供/瓦悦设计

柜体设计：
利用视线可穿透的电视墙，搭配内嵌柜设计，不但可满足电视机吊挂、电器收纳需求，连接侧边收纳柜，同时还顺势间隔出餐厅区。

格局尺度：
客厅沙发做90°转向后，让电视墙与后面的厨房柜体合为一体，并利用电视墙高度来遮掩厨房，也增加了墙后的收纳量。

多重收纳方式满足使用需求

为了满足卧室、书房等多重空间需求，采用架高卧榻的设计，实现多种使用功能，并利用卧榻深度打造收纳空间，将空间里的几个墙面，设计成收纳量超大的书柜，这样就可以满足屋主大量收藏漫画书的需求。

柜体尺寸：
深度45厘米可收纳大件杂物，书柜深度配合书籍大小设计，充分利用书柜空间。书柜高130厘米，宽188厘米，深35厘米。漫画书柜高250厘米，宽120厘米，深25厘米。卧榻高45厘米，长296厘米，宽232厘米。

柜体设计：
卧榻深处采用上掀式收纳，靠近入口处则规划为卧榻下方，收纳分区使用也更方便；书柜结合开放与隐蔽式收纳，避免整面书墙让人产生压迫感。

图片提供 / 福研设计

第三章

书柜

各种尺寸都收得下

若是小户型也想要书房，或许可在公共区域找个适合角落来规划成开放书房，而此区域中最重要的家具自然是书桌与书柜，不过因书房做开放式设计，书柜要收纳的物品可能也变得多元，形成复合式用途的书柜。

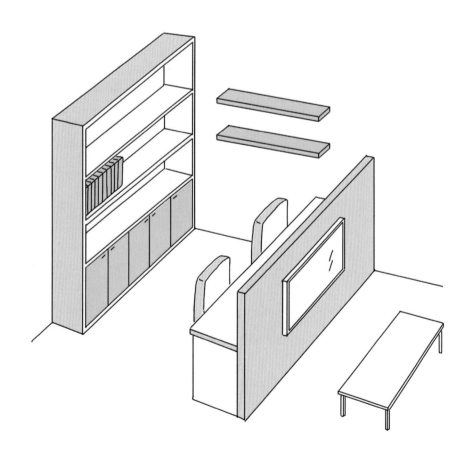

柜体尺寸设计 01

不同种类的书籍需要不同的层板高度

单纯以书柜设计来考虑，最重要的尺寸就是层板高度，由于
书籍的大小不同，最好可以先统计确认书籍的类型与数量，
如活页夹、原文书需要 40 厘米高、30 厘米深，一般书籍则
要 30 厘米高、25 厘米深，当然也可设计活动式层板来应对
未来变化。

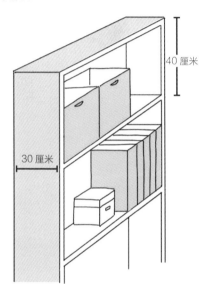

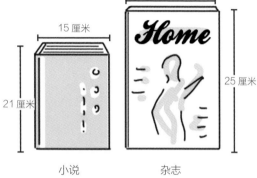

小说 　　　　杂志

依尺寸设计层板高度和宽度

依照书本大小不同，设计出不同层板高度的书架，不
仅可收纳各种尺寸，也能让视感变得丰富起来。

柜体尺寸设计 02

每 90 厘米加立柱，预防层板变形

书柜层板容易因长期摆放书籍而弯曲变
形，这就是所谓的"微笑曲线"。对此，
可依需要选用 1.8~4 厘米的加厚木心板，
除造型需要外，实务上很少用到 4 厘米
厚板，较常见以铁件来强化承重力。另
外，也可以用工法加强，在超过 90 厘米
宽处加设立柱来避免层板变形。

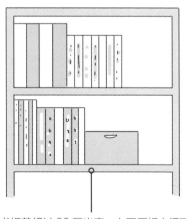

书柜若超过 90 厘米宽，上下层板之间可
加上立柱，作为层板支撑。

柜体尺寸设计 03

不挤压走道，层板 15 厘米深最佳

若想在走道设置书架，需考虑书架深度是否会占据空间，导致行走不便。一般走道在 75~90 厘米之间，在小户型空间中走道宽度可能会再限缩。以走道 75 厘米的最小宽度来计算，架设书架层板建议 15 厘米深较佳。这是因为 75 厘米的走道宽度扣除 15 厘米的层架深度后，还有 60 厘米可供行走，并且可以不撞到书架。

15 厘米

60 厘米

尺寸破解 01

利用上下错层设计，提升空间利用率

小空间可多利用上下镶嵌的错层设计来争取更多收纳功能，将位于上层的房间床位直接以升高地板来取代床架，可让下层拥有更高的空间，架高处或阶梯则再善加利用作为书籍的收纳区。

图片提供 / 瓦悦设计

尺寸破解 02

书柜的高度和深度变换

书量较大的情况下，可以使用双层书柜或是利用高度将书柜做到置顶。一般书柜做到 35 厘米深即可，正常的双层书柜 60~70 厘米深，若想更节省空间可让前后两层书架的深度不一。前柜深度约 15 厘米，可收纳小说或漫画；后柜深度保留在 22~23 厘米，整体加上背板厚度可缩至 40 厘米深，增加收纳量的同时却也不占据太多空间。

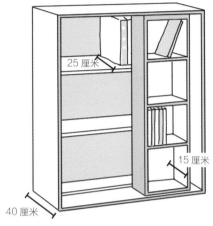

双层书柜，前浅后深节省空间

书本作为展示，深度 5 厘米即可

书量少的情况下，何不把书本作为展示的一部分。设置深度为 5~8 厘米的木条，让书本封面正面示人，不仅不占空间，也能美化住宅空间。

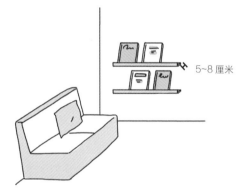

图片提供/禾睿设计

置顶书柜，增加收纳量

除了利用深度增加收纳空间，也直接利用空间高度向上发展，让书柜达到使用的最大量。一旦书柜超过 180 厘米，建议加设梯子以方便上下拿取物品。

厨具结合书架墙面，整合多重功能

屋主有收藏大量书籍和公仔的嗜好，因此必须在 33 平方米的小空间里，尽可能往垂直及水平方向运用空间，充分满足收纳需求；高度上黑色铁件制成的书架搭配活动梯子，形成一面复合功能的实用墙面，从室内延续至阳台的桌子则营造出空间的开阔感。

图片提供 / 禾睿设计

柜体设计：
原本厨房工作台面只有 200 厘米，向右加长 63 厘米提升下厨时备餐的便利性，上柜门板也重新调整偏长形比例，营造利落的视觉感受。

柜体尺寸：
黑色铁件书架切齐入口边缘，形成一面复合功能的实用墙面，书架高度拉齐廊道底端的天花梁下缘，并由铁梯创造上下垂直动线，增加高度区域的收纳空间。书柜宽 207 厘米，深 37 厘米。

串联客厅与主卧的书桌，让书房"无中生有"

为了在现有空间里创造书房空间，主卧设置了一张两人长书桌，以主卧与客厅之间的半高矮墙与茶玻璃为书桌背墙，让视线得以穿透延伸，客厅电视墙成为书房端景，进而使空间达到放大的效果。

柜体设计：
充分运用窗台下与柱体间的畸零空间，视为书桌的附随柜体，创造实用的收纳功能。

柜体尺寸：
两人书桌宽度达 241厘米，抽屉柜体可收纳工作所需的工具。书桌高 80 厘米，宽 24 厘米，深 60 厘米。

格局尺寸：
以半高矮墙结合茶玻璃作为客厅与主卧室的隔间，需要隐私空间时，可放下主卧卷帘。玻璃窗高 125厘米，宽 205 厘米，沙发背墙高度为 100 厘米。

图片提供／云司国际设计

26 平方米小宅成就应有尽有的大起居区

在台北市仅 26 平方米的房子能过什么样的生活呢？屋主将看电视、用餐、写书法等需求通通整合至起居区的大桌面，让格局不因过度分区而变小，而一旁则以拉门隐藏计算机桌区，让空间视觉仍保有简洁感。

图片提供／馥阁设计

格局尺度：
因为不勉强做分区或隔间，让起居区保持宽敞舒适，坐榻与电视机间距约 208 厘米，不显局促，用餐、写书法的桌面也很实用。

柜体尺寸：
窗边的坐榻高 39 厘米、深 55 厘米，搭配多种尺寸坐垫可变身为各种形态座区，且下方也可增加收纳柜，其用途比沙发更多元化。

紧邻阳台的餐桌书柜增添悠闲情趣

餐桌后方的大型收纳柜涵盖整面墙体的公共区域段落，并以参差错落、局部开放的形式，展现立面的多元视感。对于在家工作所需的功能空间，系统柜的抽屉柜就是最实用便利的文件柜。

格局尺度：
餐厅靠近阳台，是全屋采光最佳位置，无论是餐桌还是工作桌，都具有咖啡馆的悠闲感。

柜体尺寸：
结合不规则排列的立面呈现，通过部分开放的设计，以及搭配抽拉和掀板五金，使各种类型的功能合为一体。抽屉柜高60厘米，宽232厘米。上柜高180厘米，宽173厘米。

图片提供 / 云司国际设计

系统柜搭配层板，打造空间多重功能

原来的空间面积不大，柜体若是整体做满容易让人觉得狭隘并且有压迫感，因此入口处以系统柜规划柜体，靠窗处则利用木质层板打造出一个 L 形书桌台面，层板下方再搭配现成系统柜做收纳，增强收纳功能的同时也营造了轻盈的视觉效果。

柜体尺寸：
深度比层板浅，让书柜可以隐藏在层板下面。层板下方书柜高 75 厘米，宽 237 厘米，深 40 厘米。系统柜高 250 厘米，宽 211 厘米，深 40 厘米。

柜体设计：
有制式规格的系统柜虽然适合打造大量收纳柜体，但难免缺少灵活度，搭配木质层板，可打造出空间与功能的多样性，最后以相近的木质将质感统一，便能满足功能与美感的需求。

图片提供 / 摄研设计

吧台式书桌创造空间层次

沙发端景是一个大面积的收纳量体，同时兼具书柜与收纳柜的多元使用内容。定制的高背沙发背墙结合书桌复合功能，采用吧台式设计，以高度的变化丰富空间的垂直层次。

柜体设计：
吧台式书桌后方的收纳量体，同时容纳了格柜、书柜及收纳柜设计；书桌亦取代边几功能，利用高背沙发高度差，预留凹槽作为放置遥控器等物品之用。

格局尺度：
工作桌与咖啡桌集合概念的吧台书桌，成为书房与客厅区域的区隔。吧台书桌高130厘米，宽240厘米。

图片提供／云司国际设计

第 四 章
餐 橱 柜

餐具、料理杂物都能一目了然

除了美丽的餐盘展示，刀叉锅具以及厨房家电都是餐厅和厨房必须承载的收纳项目，如何让这些物品各得其所，达到好用、好拿的目的，同时又能提升收纳量及空间品位则是设计的最大重点。

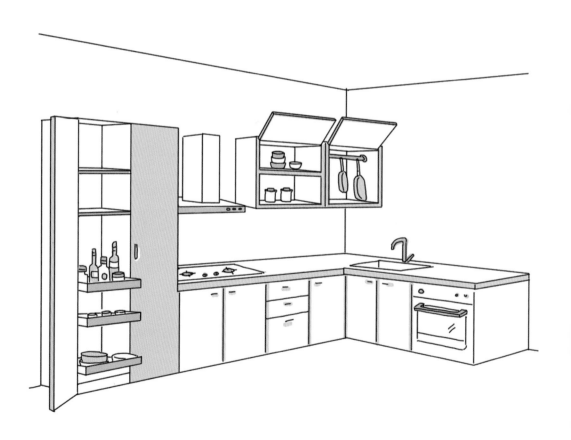

柜体尺寸设计 01

餐柜层板高度 15~45 厘米都有

用来展示餐具的餐柜多半以玻璃做门扇，将上柜视觉聚焦区设计为展示之用，而下柜则以收纳为主，内部的层板高度由 15~45 厘米均有，取决于收纳物品的大小，如马克杯、咖啡杯只需 15 厘米即可，酒类、展示盘或壶就需要约 35 厘米，但一般还是建议以活动层板来因应不同的置放物品。

餐柜宽度与深度

餐柜深度为 20~50 厘米，有不少款式会因上下柜功能不同而有深度差异。至于宽度则因有单扇门、对开门及多扇门的款式而有所不同，单扇门约 45 厘米，对开门则有 60~90 厘米，而三、四扇门的餐柜多超过 120 厘米宽。

餐柜兼电器柜，深度至少 45 厘米

若要将电饭锅、微波炉等小家电放在餐柜，最好配置在中高段较好取放。一般电饭锅的高度多为 20~25 厘米，深度为 25 厘米左右；而微波炉和小烤箱的体积较大，高度在 22~30 厘米，深度 40 厘米，宽度则在 35~42 厘米不等。同时需考虑后方要有散热空间，因此柜体深度必须至少有 45 厘米。

若是小面积的空间，建议将小家电放于厨柜，餐柜深度则选用 35~40 厘米，较能减少体积。

厨房吊柜以活动层板灵活收纳

厨房吊柜的深度较浅，一般约 30~35 厘米、最深不超过 45 厘米，多采用开门或上掀式门扇，内部则以简易层板做活动式规划为主，收纳一些重量轻、较少使用的备用品。

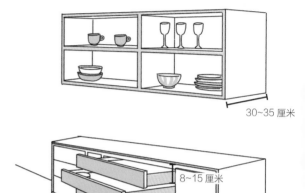

30~35 厘米

抽屉式拉篮分类收纳

面对收纳对象繁多的厨房，大大小小的抽屉或拉篮是厨具规划的重要元素，体积较小的刀叉和汤匙，通常会利用一些高度较低（8~15 厘米）的抽屉，收放于下柜的第一、二层，内部运用简易收纳格或小盒子分类收纳；大型锅具、炒盘可用大抽屉或拉篮收纳于最下层，面板高度能依需求调整，常见以 30~40 厘米为主。特别的是，这类抽屉深度多不做到底，以 50 厘米左右为最适合抽拉的尺寸。

8~15 厘米

30
~
40
厘米

抽屉深度不做满
仅 50 厘米

60 厘米

侧拉篮式收纳柜填补尴尬窄区

一般厨房配件多有既定尺寸，整体规划难免会遇到狭窄又尴尬的剩余畸零区，这时可选用一些较窄宽度的侧拉篮填补此缺口并赋予其收纳功能，常见宽度以 30 厘米以下为主，另有 50~75 厘米不等，但较少用的深度则会配合厨具做到约 60 厘米。

30 厘米以下

60 厘米

尺寸破解 01

橱柜抽板可增加工作平台

利用餐柜或电器柜来加设可拉出的抽板，就可以顺利为餐厅或厨房争取更多的工作平台；此外，吧台的延伸桌板同样可增加使用台面，无论料理食物或用餐都更宽阔。

尺寸破解 02

活用"中间地带"收放刀具砧板

除了定制柜体之外，上柜与下柜的"中间地带"也一定要好好利用，规划简易磁条吸附刀具锅铲，或以横杆、铁板搭配悬挂式五金收纳刚洗好的汤勺、杯具、砧板、锅盖等，都是不错的选择。

摄影 / 王正毅

五金设计 01

餐柜分隔柱，避免物品倾倒

餐柜收放的杯盘碗碟大都是瓷器，最怕碰撞，为了
保护这些珍贵瓷器，在需要拉出拿取物品的抽屉内
可以选用分隔柱等五金来辅助收纳，建议挑选可配
合网板自由定位的分隔柱，这样便可依物品大小作
固定叠放，增加收纳量。

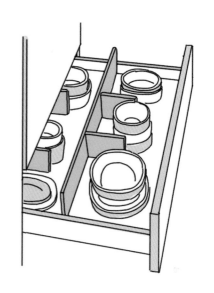

五金设计 02

滑轨与轮子让家具移动更省力

因空间珍贵，同一区域常常需要做多元利用，但如果常要搬动家具则相当不方便，因此可在柜子下
加设滑轮，移动时更加便利。而桌面也可加上滑轨，让餐桌变身为书桌，满足生活需求。

五金设计 03

旋转五金创造大量收纳空间

除了动线简单的一字形厨具外，大部分厨具规划都会遇到转角问题，在这个约有 60 厘米 ×60 厘米 ×85 厘米的立体空间中，可运用一些旋转五金配置争取最大限度的空间使用，如蝴蝶转盘、360° 转盘、小怪兽、半圆立式转篮等，基本都有标准尺寸可供选配。

五金设计 04

垂直式五金争取垂直收纳

就人体工学角度而言，建议收纳空间规划于 180 厘米以下最好使用，但若能借由一些垂直式的五金配件，如自动式或机械式升降柜、下拉式辅助平台、下拉抽屉等，就能打破高度限制，强化收纳效果。一般升降柜有 60 厘米、80 厘米、90 厘米等不同款式，若是住宅收纳容量需求大，建议直接挑选最大尺寸，以节省升降柜两侧的油压五金的空间。

摄影 / 刘士诚

共享空间让生活尺度放大

将厨房改为开放的一字形设计，摆脱原来小厨房的狭隘感，转身就可与家人互动聊天。另外，身后规划有一中岛吧台，可以作为厨房台面辅助使用，而餐桌因与工作桌合并而得以放大设计。

图片提供 / 明代室内设计

格局尺度：
因采用区域重叠共享的设计，让餐厅与工作区共享桌面，厨房与餐厅共享动线，使小住宅也能享有大厨房。

动线尺寸：
为了让厨房与餐桌之间能保有亲密却又不显狭隘的距离，通道需留有 120 厘米宽，好让两人可会身交错，而转身取放餐点也不会太远。

厨房精致设计，回应空间风格

偏长形的空间以灰色墙面明确划分公私区域，右侧为卧室及卫浴区，左侧为客厅及餐厨区。由于是开放式厨房设计，下厨的概率也并非太频繁，厨柜无论在板材质感还是规格调性上，不但融入整体空间风格，也呼应了屋主的生活及质感需求。

格局尺度：
厨房位置紧邻入口，以系统家具设计 L 形台面，创造烹饪的流畅三角动线，并以抽油烟机的最佳效能规划间距为 65 厘米的上、下厨柜。炉台区域尺寸宽 108 厘米，深 65 厘米，高 85 厘米。

柜体尺寸：
由系统家具依客厅尺度打造厨房，电器柜能轻易结合各种五金滑轨，提高家电设备操作的使用性。每格尺寸高 65 厘米，深 66 厘米，宽 212 厘米。

空间设计／大晴设计

柜体设计：
白色钢琴烤漆的系统板材，让室内情境透过光线微微反射在板材上，与现代感的空间调性协调融和。

电动楼梯变身电器柜

楼梯是夹层屋内不可或缺的动线设备，但是面积仅有 26 平方米还要让出楼梯实在太浪费空间，为此设计师打造了一座可横移的电动楼梯，并将楼梯下方的空间规划成多功能厨房电器柜。

图片提供 / 馥阁设计

柜体尺寸：
通过事先掌握电器的规格尺寸与内嵌设计，在厨房角落设计电器墙，而楼梯阶高则以 25 厘米的跨距来设计，准确地将二者紧密结合在一起。

柜体设计：
除了嵌入电器外，楼梯内也有抽屉柜，让小厨房功能更强大，且平日楼梯收起来只见优雅电器柜。

复合式中岛台满足功能需求，同时引领动线

只有夫妻二人居住的舒适空间，享受山景和明亮光线是空间规划的首要考虑内容，进入空间就看到 L 形的开放视角展开尺度，主卧采用玻璃格子门让山景的绿意成为廊道端景，中央固定式的中岛台增添生活品位。

柜体设计：
中岛台设计迎合了夫妻俩的品酒爱好，除了收纳餐具外也是藏酒柜，后段则规划为四人座餐桌，复合式功能为小空间创造出更多活动空间。

柜体设计：
延续整体美式乡村风格，中岛台以简约线板勾勒柜体并搭配石材桌面，中性的灰蓝色调呈现优雅质感。

空间设计 / 大晴设计

格局尺度：
考虑到基本行走动线宽度，宽 340 厘米的廊道扣掉左侧厕所开门回旋空间，规划出140 厘米宽的走道后，确定中岛台尺寸及置放位置，四周走道也形成串联空间的动线。中岛台高 90 厘米，宽 100 厘米，长 220 厘米。

轻食餐厨区小巧而功能齐全

厨房位于错层格局的降板区，功能设定以轻食料理为主，为避免增加空间的压迫感，局部柜体采用木层板设计，而左侧靠墙处规划为排烟机与炉火区，紧接着有水槽区，空间不大，但功能大致都能满足，另外也有电器柜来弥补收纳空间的不足。

图片提供／馥阁设计

柜体尺寸：
虽然空间有限，但厨房炉台加工作台面还是有135厘米长，炉台、排烟机与水槽区的使用尺度都算宽绰，而厨柜则以下柜为主。

柜体设计：
为提升厨房功能，工作台面对面规划有电器柜，除了电器设备外，还设有抽板增加工作台面，至于可移动的楼梯内则为厕所。

厨具干净明亮，发挥采光面优势

单面采光的格局，搭配开放的动线，使日光得以从餐厅照入客厅与书房空间，餐厅顺应格局换位设计，地位反而凌驾于客厅之上，厨具选材能够突显采光优势。

柜体设计：
厨具以洗炼过的灰阶展现现代时尚，辅以阳光卷帘，保持干净明亮的自然光线。

格局尺度：
餐厅与客厅呈开放格局时，餐厅地面以灰色系的瑞士贝力超耐磨木地板铺陈，拼贴的轴向可导引人们朝向书房、客厅方向行进。

图片提供 / 云司国际设计

伸缩式长桌，复合用餐、工作功能

面积仅有 63 平方米的空间需先扣除四房，余下的空间还需分配给客厅和餐厅，因此开放式空间抹除了客厅与餐厅的界线，一张伸缩式长桌作为灰色隐藏式柜体的延伸，具有用餐和工作的复合功能，同时为狭窄的走道保留了流畅动线。

柜体尺寸：
从柜体延伸的伸缩式长桌，长度达 180 厘米，宽 80 厘米，最多容纳六人。

格局尺寸：
隐藏式柜体的伸缩式长桌下方则是主机收纳柜，置物柜底层采用灰镜，镜面反射加深空间感。

柜体设计：
餐桌预埋滑轮轨道，可轻松拉动餐桌，并在桌角内侧装置可固定的活动钮，餐桌推入柜体时，巧妙收进衣柜夹层里。

图片提供 / 六十八室内设计

厨房天花板增设电动升降柜

将大门区的厨房设备向右移位，使原本靠近大门边侧的难用空间变为炉具右侧的高身柜的安身之所，而天花板上也增设电动升降柜来提升收纳功能。另外，走道旁利用空间摆放冰箱与男主人的红酒柜，不浪费任何一点空间。

格局尺度：
虽保留原本厨房位置与卫浴间，不过因将厨房设备向大门处移位，让出右侧空间，可做出约 40 厘米深的夹缝高柜，增加了不少收纳功能。

柜体设计：
走道左侧迎合男主人的酒类收藏的需求，在冰箱旁规划有红酒柜，而其上方则另设门柜来做收纳设计。

图片提供 / 馥阁设计

巧思柜体设计，创造顺畅转折动线

出于预算考虑，旧屋改造的空间格局没有太大的变动，在空间有限的餐厅里，设计师精算尺寸，设置了一个迎合厨房需求的收纳柜，并运用柜子设计引导动线，让小餐厅的功能达到满分。

图片提供/大晴设计

柜体设计：
客厅通往餐厅入口略为狭窄，设计师在转折处利用斜角设计解决了问题，让过道动线更为流畅。

格局尺度：
即使餐厅的空间不大，走道仍考虑到宽40厘米门扇开启占据的空间及动线宽度，扣掉餐桌及柜子深度后，仍有94厘米宽的走道，不会过于狭窄难行。

柜体尺寸：
餐厅柜子延续小厨房的使用功能，因此混合使用开放式及隐闭式的收纳设计，柜子中段的平台方便置放家电。餐柜深40厘米。

兼具隔间功能的隔墙收纳柜

依据使用动线，把位于厨房与主卧间的大型橱柜规划成大型电器柜，由于少了原来隔墙厚度，刻意做得比一般橱柜来得深，也不会挤压到空间，而且还能把冰箱、洗衣机等大型电器通通收进橱柜，避免造成小空间的杂乱，维持视觉上的干净、整齐。

柜体尺寸：
顶天的高柜规划在梁柱下，巧妙替代隔墙功能，深度则配合冰箱和洗衣机尺寸做到62厘米。厨柜高225厘米，宽274厘米，深62厘米。

柜体设计：
柜体设计采用部分封闭，部分开放式，除了是为了迎合电器的使用方式，利用两种收纳方式，也可有效减少封闭式高柜带来的沉重压迫感。

图片提供／十一日晴空间设计

中段留白减缓柜墙压迫感

在厨房墙面打造一面收纳墙，刻意以上柜加下柜组合，留出中段空间，避免整面柜墙带来封闭的压迫感，下柜顺势成为可摆放电器的台面，橱柜选用相同的木贴皮，营造空间的简洁利落感，也有放松身心、引发食欲的效果。

柜体尺寸：
储物柜深度齐墙，满足收纳的需求，也维持视感的平整。橱柜高 88 厘米，宽 138 厘米，深 60 厘米。

柜体设计：
橱柜中段刻意设计间接灯光，并贴覆反光材质，除了照亮空间，也减少了柜体造成的沉重感。

抓准间距，满足客厅与厨房多元需求

共享是小空间规划的重要概念，但是在设计上必须仔细考虑每个区域的功能与尺寸，设计师经过精确丈量电视机、炉灶与水槽间的间距，确保炉口热度、水槽潮湿问题不会影响电器，这才得以完成宽敞客厅与梦幻大厨房的格局。

柜体设计：
运用雅致又好清洁的灰蓝色砖墙来铺设厨房与电视机的端景墙，搭配横向发展的L形厨房，完全跳脱了小户型住宅的格局局限。

柜体尺寸：
宽450厘米的L形厨房，不仅具有多元化功能，上柜与下柜分别为35厘米、60厘米深的橱柜，收纳能力已远超一般小住宅，柜体与沙发之间更可作为屋主做瑜伽的练习场。

图片提供／绮寓空间设计

搭配现成橱柜的灵活收纳

为了让光线没有阻碍地直达所有空间，舍弃上柜设计，厨房的所有收纳功能只能依赖下柜，于是将原来的一字形改为 L 形，以此增加收纳空间，另外并搭配现成的小型收纳柜，解决收纳空间不足的问题。

图片提供／十一日晴空间设计

柜体尺寸：
将原来的一字形橱柜，改为 L 形橱柜，增加收纳空间。橱柜高 85 厘米，短边宽 85 厘米，长边宽 210 厘米（整个 L 形），深 60 厘米。

柜体设计：
橱柜立面采用仿布纹板材，减少常见亮面橱柜的现代感，并与空间里的柔和色彩相呼应。

兼备餐饮、工作、收纳与展示功能的超能吧台

在 30 平方米的小住宅内，最重要的设计原则在于功能满足与风格营造。由于仅有一人居住可将餐厨合并，因此将入门左侧厨房直接规划为餐厨空间，除了利用复合型吧台来遮掩炉台，同时也以吧台来增加工作台面，满足收纳和展示需求。

格局尺度：
在厨房与客厅之间加设吧台设计，除成功地挡住灶台外，也让大门与室内多了一道缓冲，增加了空间的层次感。

柜体尺寸：
吧台底座高 100 厘米，宽 120 厘米，深 60 厘米，提供了工作与用餐的功能，而上柜高 80 厘米，规划有展示与储物柜，小小吧台却发挥出超高面积使用率。

图片提供／绮寓空间设计

融入空间风格的橱柜设计

融入空间风格的橱柜设计为了不阻碍采光，将柜体规划在窗下位置，宽度做至齐墙，让收纳空间可以最大化；由于室内拥有充足的光线，不一定要选用浅色系，反而刻意选择把木皮染黑，呼应整体空间的低彩度用色。

图片提供 / 禾林空间设计事务所

柜体尺寸：
高度调整在比餐桌略高的 80 厘米，让微落差营造视觉的层次变化。柜高 80 厘米，宽 250 厘米，深 40 厘米。

格局尺度：
拆除一间房，并利用相异地板材质划出落尘区，明显做出内外分界，使餐厅空间延伸至玄关，营造开阔感。

强调造型美化柜体

屋主平时有品酒的习惯，于是设计师将厨房向外延伸出吧台，利用吧台的高度，在面向客人一侧打造出储酒柜的空间，并附有滑门可适时遮蔽，柜体的另一半则面向厨房，作为厨房的收纳空间使用。

柜体尺寸：
收进酒柜后的剩余深度，留给厨房使用，两面使用空间不浪费。酒吧吧台高 90~120 厘米，半径 110~170 厘米。

柜体设计：
采用圆弧造型，美化吧台外形，并隐藏收纳功能，而与之相呼应的圆弧状天花板，除了增加设计感外，也有收纳酒杯的功能。

第 五 章

衣 柜

提升收纳效果

卧室最重要的家具就是床和衣柜，因此两者的摆放位置，需从动线考虑，留下适当距离，避免门扇打到床或有阻碍行走的状况发生。柜体或柜墙应以设计手法减少压迫感，并从个人使用需求与习惯出发，仔细规划层板高度，充分发挥衣柜收纳空间。

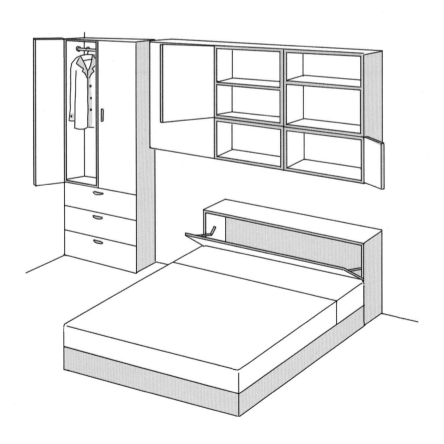

柜体尺寸设计 01

满足收纳量的衣柜尺寸

一般来说，若为单身人士，男士衣柜宽度需 150 厘米以上，女士则至少要 210 厘米；若是已婚夫妻，共享衣柜宽度最少需 300 厘米；若无法达成以上要求，可能无法满足收纳需求，只能再以矮柜、抽屉柜或其他储存方式弥补不足。

层板高度应做大、中、小规划

衣柜除了收纳衣物外，也会收纳棉被、袜子等，因此层板高度建议做大、中、小规划各一，最小高度可做约 15 厘米，可放袜子、领带等；中等高度可做约 20 厘米；最大高度可做约 30 厘米，以便收纳棉被。

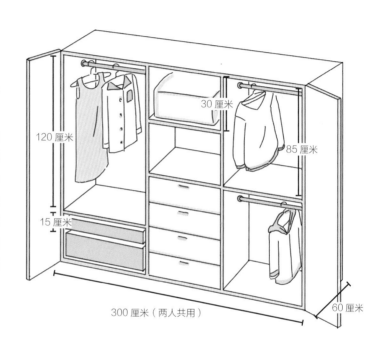

柜体尺寸设计 02

床头柜深至少 45 厘米

床头柜大致可分为两种形式，一种是放在床的两侧，一种则是位在床垫的前方靠墙位置，若想用来收纳棉被或大型杂物，柜深需至少 45 厘米，规划前先确认增加床头柜后，床尾是否能留下至少 60 厘米的行走空间。

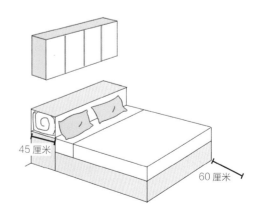

基本收纳思考 01

选用浅色系，减少高柜的压迫感

小空间里的大型橱柜最容易带来压迫感，此时不妨
选用白色或浅色系，并在门扇上利用隐形把手简化
柜体设计，营造简单、利落的视觉效果，也能有效
化解迎面而来的压迫感。

图片提供 / 云司国际设计

基本收纳思考 02

搭配开放式设计，减少压迫感

高柜是封闭式收纳，最容易让人有压迫感，此时可
搭配部分开放式收纳，结合镂空和隐蔽手法，消弥
柜墙的厚重感，并将收纳进行更加系统的分类。

图片提供 / 珞石室内装修有限公司

衣柜正面　　　　衣柜剖面

伸缩衣架，缩小衣柜深度

五金设计 01

改变吊挂方式，克服深度不足

若衣柜深度不足，可用抽拉伸缩式的五金挂杆，衣服以正面吊挂的方式，深度要做多深就看要吊挂几件衣服，但也要考虑拉出的深度和走道的关系。

五金设计 02

旋转衣架，收纳量增加两倍

若有大量收纳衣物的需求，此时可在衣柜内装设旋转衣架，以此增加收纳量，但事前应与厂商确认衣柜所需的基本深度、高度与宽度，以便顺利装设旋转衣架。

善用升降五金，解决上方使用难题

柜体高度过大，反而不便于收纳取用，此时可选用升降五金，解决空间高度造成的不便，也能因此有效利用位于上层不易使用的空间。

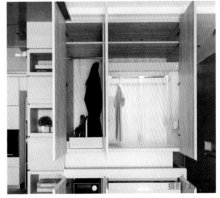

摄影／刘

兼具通透感与强大收纳能力的主卧

将挑高的错层小宅中较低区规划为客厅及主卧，保留360厘米的房高，不另外做夹层，让整体空间展现透空的挑高感。至于周边则以环绕式的高柜来满足大量收纳需求。

格局尺度：
为避免过多柜体造成压迫感，床尾区域以木制通道设计，右侧则有局部木屏风，无论是通透感还是温润木色调都为卧室注入轻松舒适感。

柜体尺寸：
除了床铺背墙与侧墙都设计为柜体外，降板床铺下方其实还留有25厘米的垫高地板，同样也规划为收纳区。

大面积柜体，功能简洁

柜体主要靠着墙线展开，对应 T 墙高度与段落，划分出电视墙与柜体位置，客厅的衣柜主要是用作外出衣物的收纳。电视墙以文化石铺贴而成，搭配木质柜体，北欧风的建材元素舒适宜人。

格局尺度：
由玄关进入客厅的 T 墙段落，要能够摆进一张沙发与边几，由沙发对应电视墙的定位。T 墙高度为 105 厘米，长面宽 329 厘米，短面宽 95 厘米。

柜体设计：
客厅墙面由电视墙与衣柜、书报柜构成，柜体功能设定脉络简洁。电视墙高 220 厘米（不含矮柜，矮柜高 20 厘米），宽 292 厘米。

柜体尺寸：
顶天立地的高柜作为外出衣物的收纳区，并利用书报柜适时挡住柱体。衣柜高 240 厘米，宽 200 厘米。书报柜高 240 厘米，宽 55 厘米。

精算柜体尺寸，满足屋主使用需求

主卧室是屋主专属的休闲基地，即使空间不大也要尽可能达或屋主的期待，除了充足的收纳衣柜，还要放入一台55英寸的大电视机及视听设备，为了完成屋主在房间里打电动的梦想，架高床铺嵌入床垫设计，营造 打电动时的临场感，形成一个梦幻的休憩空间。

柜体尺寸：
衣柜避开下降的天花板高度，配合宽87厘米的走道，在宽、高比例上不会有压迫感。衣柜高240厘米，宽264厘米，深60厘米。

柜体设计：
为了创造更多收纳空间，窗缘上方配合下降天花板高度，以黑色铁件规划上层收纳空间，用于收纳卧室里的小物件。

柜体尺寸：
在睡床侧边设计一道高135厘米的矮墙，将55英寸的大电视机及设备整合放入，半高的高度进入空间里仍保有开阔视野。电视柜高135厘米，宽190厘米，深23厘米。

图片提供／禾睿设计

整合衣服与物品收纳

重新调整空间后，将卧室配置在较为隐秘的右侧区域，而且更邻近卫浴区，提升了使用的便利性。由于空间不大而且屋主生活简单，没有另外规划更衣间，大体积的衣柜就足以满足所有收纳需求。

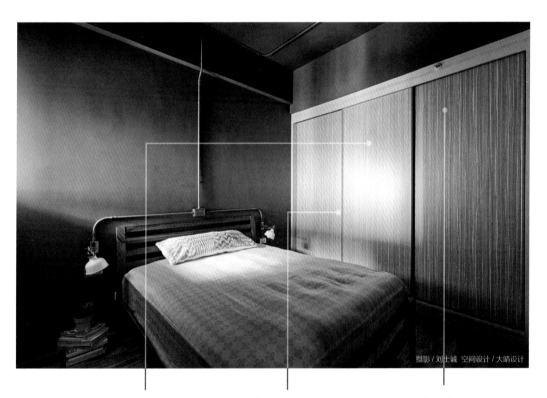

摄影 / 刘士诚 空间设计 / 大晴设计

柜体尺寸：
屋主夫妻俩的衣服和杂物并不多，因此柜子里整合了衣柜及收纳柜，保持卧室单纯的休憩功能。衣柜宽270厘米，高240厘米，深75厘米。

柜体设计：
主卧只有10平方米，在摆进标准尺寸的睡床后，与衣柜的走道间距宽度只剩67厘米，因此柜体采用滑门设计，节省柜体开门时的回旋空间。

柜体尺寸：
利用房梁下方空间设计柜子，自然的木纹纹理不但具有修饰作用，整面的跨距设计使视感更为整体一致。

电动升降五金解决高处取物问题

经过缜密的尺寸安排，小空间也能具有功能性又保持简洁，此案利用电动升降五金设计，在天花板规划可下降拿取的收纳柜，解决挑高格局高处不好利用的问题，而收起柜体后仍可享有宽敞视野。

图片提供 / 馥阁设计

格局尺度：
为了避免柜体过多造成视线上的干扰，让空间显得杂乱，设计时将橱柜尽量向挑高夹层的上端发展，再以电动五金来解决拿取困难的问题。

柜体设计：
在起居区左右各有一座电动升降橱柜设计，此柜高达 105 厘米，适合挂放较长衣物，另一处则较小。

形随功能而设的柜体

为了让格局有限的主卧室拥有多元的休憩空间，首先将床铺右侧的浴室门扇改变方向，使床铺可紧靠墙边，让出窗边较宽敞动线，以便在房内规划出观景坐榻，也得以在坐榻两侧配置两座收纳柜体。

柜体设计：
为避开床头的大梁，将床往前移并增设造型与灯光，而右侧结合坐榻则规划有 60 厘米宽的柜体，加上坐榻下方与边柜可满足收纳需求。

格局尺度：
原本墙面因有卫浴门扇，导致必须留有动线宽度，让小房间内只能摆放床铺，视觉上显得琐碎狭隘，也无法打造窗边宽敞格局。

图片提供 / 明代室内设计

一体两面衣柜，就地取材做主墙

原本两房在拆掉隔间墙之后，卧寝与书房之间配置收纳柜兼隔间墙，以一体两面的设计手法，利用双面衣柜创造 1 + 1 房间的空间内涵。书房以强化玻璃做隔间，衣柜反倒成为客厅主墙，客厅采光也得以发挥到极致。

格局尺度：
卧室与书房之间利用双面衣柜与一张高度 100 厘米的书桌取代隔间墙，若玻璃书房需要私密感时，可拉上蛇帘与百叶帘。

柜体尺寸：
一体两面应用的衣柜，其中一面当作客厅主墙装饰，因此书房的衣柜门实际仅有一个门扇可以打开。衣柜高 90 厘米，深 60 厘米。

图片提供/六十八室内设计

化梁柱缺点为优势

原本开放式的小空间使用率不高，因此在重新调整格局后规划为儿童房使用，富有巧思的透明拉门让内凹的空间有充足的光线，也大幅开拓了小朋友游戏的活动空间，局部墙面采用亮眼的粉红色，成为冷色调空间亮眼的焦点。

柜体尺寸：
利用柱体与墙面内凹空间设计衣柜及开放展示柜，下方特别设计了开放式空间，让小朋友在地上玩玩具后更方便收整。衣柜门扇宽50厘米，衣柜总宽150厘米，高240厘米，深65厘米。

格局尺度：
将邻近入口的6.6平方米的小空间规划儿童房，采用玻璃拉门让光线穿透进来，拉开门后为小朋友创造零阻隔的游戏空间。

摄影 / 刘士诚 空间设计 / 大雄设计

柜体墙结合睡床，以 C 型钢加强承载力

男主人是一位超级军事迷，为了让书房保持整齐不显凌乱，必须有足够的收纳空间收整所有的收藏品，大型的柜体墙面不但满足了男主人的庞大的收纳需求，还多了一个睡觉的秘密基地。

柜体设计：
隐闭式收纳柜对应空间尺度发挥最大效益，置顶高度加上跨距设计，提供充足完善的收纳空间。

柜体尺寸：
应屋主要求，柜子下方特别设计了一个抽屉式的睡床，但考虑到系统柜的承载能力，内部利用 C 型钢加大整体柜子的承载强度。睡床宽 60 厘米，长 200 厘米。

图片提供／大晴设计

运用墙线与梁下，材质与采光互相加乘

为了充分利用采光效能，主卧室的衣柜隐藏在墙线内，充分运用梁下空间配置系统柜规划衣物收纳，并以遮光布窗帘呈现木质衣柜的温润柔和，呼应北欧风的自然气息。

柜体设计：
衣柜门扇选用德国E1级系统柜，并搭配铁件把手，体现北欧风的简约元素。

柜体尺寸：
针对个别需求，将柜体抽屉分层裁量，薄型抽屉高13~25厘米，适合放置西装袖扣与皮带配件。柜子高230厘米，宽298厘米。

图片提供／云司国际设计

床位与衣柜重叠，狭窄走道却有流畅的动线

三间儿童房平均仅有4.6平方米的空间，每间房都要有一张大单人床、书桌与衣柜，空间上的重叠应用更显重要，并要利用大量柜体塑造空间的最大收纳功能。以拉门打通卧室与复合式阅览空间，将封闭感降至最低。

图片提供/六十八室内设计

柜体尺寸：
儿童房面积为209厘米×240厘米，柜体深度达55厘米，即占去几近1/4空间。衣柜高130厘米，宽209厘米，深55厘米。

格局尺度：
卧室之间彼此借助采光与通风，拉门就是活动的隔间墙，因此流畅的通道动线与家具之间要经过缜密的计算，衣柜与床位重叠30厘米。

柜体设计：
为了化解衣柜与床位重叠的压迫感，因此衣柜离床悬空55厘米，并以斜面底部为造型，再利用衣柜底部装设阅读灯。衣柜离地高度90厘米。

床底 T 墙抽屉柜，收纳贴身衣物

利用双人床的私人属性空间，个人贴身衣物或重要个资文件可收纳整理于此，除了在双人床下方安排抽屉外，搭配一旁 T 墙的矮柜，满足各式收纳需求。

图片提供／云司国际设计

柜体尺寸：
双人床与 T 字半高墙内侧的抽屉式矮柜，主要用来收纳贴身衣物。矮衣柜高 90 厘米，宽 169 厘米。

柜体设计：
双人收纳抽屉床架提供额外的储物空间，餐厅大型收纳柜的抽屉柜则可延伸为床头柜。

顺应圆弧状墙体设计开放衣柜

因建筑造型的关系，53 平方米住宅中有一处外墙呈现 1/4 圆的格局，经规划后作为屋主女儿的房间。房间除了墙面非直线形外，采光窗也很小，所以设计师先拆墙改以玻璃隔间来引进大量光源，并沿墙面设计出弧形衣柜。窗边的书桌也设定为弧形造型，让两根线条相互呼应，视线上也无尖锐角度。

格局尺度：
房间呈现 1/4 圆 的格局，仅有 8.2 平方米。

图片提供 / 瓦悦设计

柜体设计：
柜体顺着弧形外墙来设计，上端以展示层板作为开放柜，下半部则以床为中心搭配两侧对称圆弧状衣柜，类似精品柜的陈列方式在挑选衣物时更为便利。

柜体尺寸：
紧靠墙边的书桌长 199 厘米、深 60 厘米，除去弧线造型外，还有可用的桌面，长 137 厘米。另外，上方也有书架层板来辅助书籍的收纳。

n 形环绕，创造空间利用的最大值

由于空间面积只有 56 平方米，善加利用 360 厘米的高度将空间一分为二，将使用频率较低的更衣室配置在下层，凭借 n 字形环绕的设计，开放衣柜和梳妆台都能放得进去，还留出宽敞走道。定制化的抽屉设计，斜切的缺口交错使用，产生新颖的视觉律动感，也作为把手的暗示。

图片提供 / 明楼室内装修设计有限公司

柜体尺寸：
两侧衣柜深度为标准尺寸，皆为 60 厘米深，吊挂区则刻意拉出不同高度，分别为 110 厘米和 140 厘米，用于吊挂长短不同的衣物。

格局尺度：
由于为双层空间，更衣室仅有 190 厘米高，进出不显压迫。走廊则留出 120 厘米宽度，使得两人同时进入时不觉拥挤。

第 六 章

浴 柜

洗浴必备品都能收齐

卫浴空间中必须有收纳沐浴品、卫生用品等的区域，通常依墙设置，多半设计于洗手台下方，上方镜子区则可依需求再扩增收纳空间。而坐便器上方也是经常配置收纳层架的区域，可放置毛巾架或洗浴必备品。另外，在淋浴间或浴缸的湿区范围，则需再考虑洗浴时拿取物品的便利性，多半采用现成的卫浴五金。

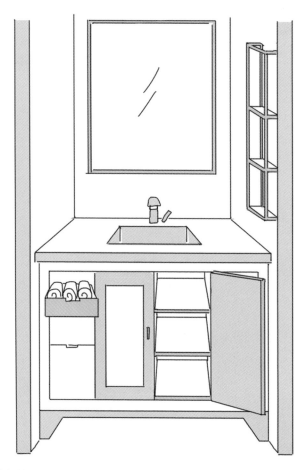

柜体尺寸设计 01

浴柜深度和宽度配合面盆

浴柜的大小取决于自家面盆的尺寸，面盆尺寸为 48~62 厘米。浴柜则依照面盆大小再向四周延伸，一般深度不会超过 65 厘米，宽度则没有限制，多半由空间大小而决定。而设置的高度应为弯腰时不觉得过于辛苦，整体高度则离地 78 厘米左右。若是长者或小孩，则高度需再降低一些，建议在 65~70 厘米之间。

图片提供／格石室内装修有限公司

内部层板高度不定，多半在 25 厘米左右

浴柜内部多半收纳沐浴品、清洁用品和卫生用品，若是依照瓶罐高度，可设计 25 厘米左右的层板来收纳。若想要收纳得细致一些，可依照收纳用品的宽度去分割，像是收纳毛巾、牙刷、梳子等备用品，本身尺寸较小，可选用抽拉盘的设计，留出 8~10 厘米的高度即可。

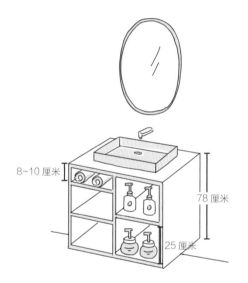

镜柜深度多为 12~15 厘米

不同于化妆台多是坐着使用，卫浴镜柜因为使用时多是以站立的方式进行，镜柜的高度也因而随之提升。柜面下缘通常多落在离地高度 100~110 厘米，柜面深度则多设定在 12~15 厘米，收纳内容则以牙膏、牙刷、刮须刀、简易保养品等轻小型物品为主。

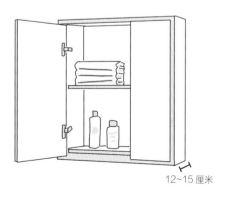

柜体尺寸设计 02

开门或抽拉柜都需注意是否有拉出空间

若坐便器和洗手台呈 L 形配置，需注意浴柜的开启方式是否会碰到坐便器。若是开门会卡到坐便器，则建议改成开放柜。另外，若采用抽屉式设计，则要注意是否能完全拉出，考虑到浴柜的深度在 50~65 厘米之间，拉出时也需留有50~65 厘米的宽度才行。

50~65 厘米，
抽屉需注意拉
出深度

50~65 厘米，
需注意门扇不
要卡到坐便器

柜体尺寸设计 03

毛巾架深度多在 7~25 厘米之间

市面上销售的毛巾架深度在 7~25 厘米之间，需注意毛巾架配置的位置。一般在坐便器上方多放置深度较大的毛巾架，以充分利用垂直空间，需注意放置的高度在 160~170 厘米之间，当人从坐便器上站起时也不会撞到。另外，设置在过道旁时多半采用深度较浅的毛巾架，可避免占据太多的行走空间。

摄影／刘士诚 空间设计／禾秝空间设计事务所

毛巾架在坐便器上方

放置的高度需在 170 厘米以上。

60 厘米以上

摄影／Amily

毛巾架在过道上

配置深度需注意不影响走道，走道宽度需留出 60 厘米以上

基本收纳思考 01

采用开放设计，善用畸零区域，视觉上不显狭小

若是卫浴空间面积较小，除了可以缩减面盆、浴柜的尺寸外，也可采用开放的柜体设计，减少视觉上的压迫感，甚至善加运用畸零空间巧妙化为收纳区域，例如可沿凸出的墙体做出收纳平台，或是利用墙面内凹部分留出沐浴用品的收纳空间。

善用畸零空间

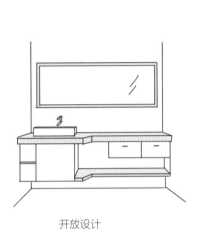

开放设计

图片提供／磐石室内装修有限公司

五金设计 01

宽度较窄的区域选用抽拉柜

运用不同的五金设计可让浴柜用途更为多元化。可利用常见的抽拉柜扩增收纳功能，若是有畸零空间，宽度窄的抽拉柜就能巧妙补足空间。另外，脏衣篮的设计可通过旋转五金，藏入浴柜之中，不用放置在外面，让空间更为干净利落。

摄影／刘士诚　空间设计／演拓空间室内设计

只用 3.3 平方米空间就让卫浴功能得以完善

在不大的浴室空间中，不仅充分运用畸零格局规划出置物空间，同时淋浴区也贴心设计有吊挂杆，而左侧画面上看不到的洗手台对面，还能摆放一台洗衣机，展现麻雀虽小五脏俱全的好设计。

格局尺度：
虽然空间仅有 3.3 平方米，但所有设备均符合人体工学的尺度，例如右侧坐便器的净空间达 90 厘米，移动上相当方便。

柜体尺寸：
浴室凹洞的玻璃层板柜宽60 厘米、深 16 厘米，因干湿分离设计可用来摆放卫浴间必备品，让原本畸零格局更加方便使用。

图片提供 / 馥阁设计

依功能规划卫浴区域，提升使用便利性

整体卫浴以使用功能分区，不仅采用干湿分离设计，盥洗台及浴柜也独立移出，因此全家人使用时更为方便，收纳规划在盥洗区域，物品不易受到湿气影响，能保持卫浴区的干爽整洁。

图片提供 / 大晴设计

格局尺度：
盥洗、厕所及沐浴以分区规划的方式具有独立卫浴功能，让沐浴和盥洗能独自使用，不会因有人在使用卫浴影响到其他功能。

柜体设计：
浴柜搭配卫浴整体温暖的木质调性，采用白色柜身搭配石材台面，使卫浴也能融入住宅整体风格。

柜体设计：
浴柜结合开放式、抽屉式收纳方式，能满足不同用品的收纳要求，中间掀门则便于水管管线维修，悬吊设计使柜体更显轻盈。

移出面盆、浴缸，让浴室更宽敞

为解决原本浴室空间过小的问题，决定将面盆与淋浴区移出，让坐便器得以单独使用，如此才可加宽面盆区的浴柜宽度，而左侧则是面窗迎光 的浴缸泡澡区，也让浴室更大、更好用。

格局尺度：
因空间过小，干脆将厕所与浴室分开设计，经重新规划后，除有大浴缸外，面盆也换成 60 厘米的大尺寸。

柜体尺寸：
坐便器移出，多出的空间留给浴柜，加宽至 145 厘米，台面深度也达 45 厘米，宽敞之余采光也很充足。

图片提供 / 馥阁设计

双面盆设计，贴近屋主生活习惯

卫浴区依照屋主生活习惯来规划，夫妻二人希望有各自独立的盥洗面盆，可以依照个人习惯使用，盥洗台尺寸配合空间尺度配置适当的台面长度，没有对外窗的空间利用装饰壁灯提升亮度。

图片提供／大晴设计

柜体设计：
在长 183 厘米盥洗台配置宽 46 厘米、深 41.3 厘米的双面盆，并搭配木制双镜箱，不但同时使用时不会相互影响，收纳上也不会混淆。

柜体尺寸：
两侧管道之间自然形成通往沐浴区的入口，而盥洗台长向顺应空间尺度，面盆间距则考虑了使用时放置物品的便利性，浴柜深度则依面盆尺寸而定。浴柜高 55 厘米，宽 45 厘米，长 183 厘米。

沐浴用置物收纳镜箱，营造酒店般的精品感

以干湿分离为首要需求，电热水器已预埋在天花板里，因此浴柜镜面反射时更能产生空间放大感，由于卫浴位置完全没有对外采光与通风，淋浴间与猫道相邻墙面使用雾面玻璃，可增加空间亮度。

格局尺度：
卫浴采用干湿分离，并利用淋浴间与猫道相邻的雾面玻璃，作为采光的来源。猫道宽度60厘米。

柜体设计：
浴柜采用镜面材质，兼具梳妆镜功能，镜面反射大理石纹砖墙面，营造酒店般的精品感。镜柜离地高度160厘米。

图片提供/六十八室内设计

将结构柱转换为面盆区分隔间墙

浴室延续公共区域的黑白色调，选择以立体触感的亮面瓷砖打造现代风格。而在格局上就利用结构柱面的区隔，将淋浴区与面盆区分隔开来，使得面盆区的设计更加独立好用。

格局尺度：
淋浴间的格局尺寸为长 94.5
厘米、宽 79.5 厘米，空间虽
然不大，但是符合人体工学，
使用上也不会有卡钝的问题。

柜体设计：
巧妙利用浴室内受阻的格局
来设计出独立的面盆区，不
仅使用方便，且更有层次感
与美感。

图片提供 / 瓦悦设计

图书在版编目（CIP）数据

小宅放大：只有设计师才知道的尺寸关键术 / 漂亮家居编辑部编. -- 南京：江苏凤凰科学技术出版社，2018.8

ISBN 978-7-5537-9396-2

Ⅰ.①小… Ⅱ.①漂… Ⅲ.①住宅－室内装修－建筑设计 Ⅳ.①TU767

中国版本图书馆CIP数据核字(2018)第149007号

原著作名：《小宅放大！行内才懂的尺寸關鍵術：從人體工學開始，抓出最好的空間比例、傢具尺寸，人就住得舒適》
原出版社：城邦文化事業股份有限公司　麥浩斯出版
作者：漂亮家居編輯部
中文简体字版©2018年由天津凤凰空间文化传媒有限公司出版。
本书由台湾城邦文化事业股份有限公司正式授权，经由凯琳国际文化代理，由天津凤凰空间文化传媒有限公司独家出版中文简体字版本。非经书面同意，不得以任何形式任意重制、转载。本着作限于中国大陆地区发行。

小宅放大　只有设计师才知道的尺寸关键术

编　　　者	漂亮家居编辑部
项 目 策 划	凤凰空间/单　爽
责 任 编 辑	刘屹立　赵　研
特 约 编 辑	单　爽

出 版 发 行	江苏凤凰科学技术出版社
出版社地址	南京市湖南路1号A楼，邮编：210009
出版社网址	http://www.pspress.cn
总 经 销	天津凤凰空间文化传媒有限公司
总经销网址	http://www.ifengspace.cn
印　　　刷	天津市豪迈印务有限公司

开　　　本	710 mm×1 000 mm　1 / 16
印　　　张	11
版　　　次	2018年8月第1版
印　　　次	2018年8月第1次印刷

标 准 书 号	ISBN 978-7-5537-9396-2
定　　　价	59.80元

图书如有印装质量问题，可随时向销售部调换（电话：022-87893668）。